爱心厨房

Hey,爸爸味儿

家常菜

食尚小米 著

中国轻工业出版社

铁皮桶里干花

璟

目 录
CONTENTS

CHAPTER 3 — 早餐 042

维生素和蛋白质一个也不能少

暖身又营养的能量早餐

满满优质蛋白和钙质的

冬季早餐优选

口味清淡、Q弹适口的

4
CHAPTER —— 晚餐 096

CHAPTER 6 _ 甜品 214

厨房必备工具

从小在我心里，厨房就是个特别美好的地方：

过节时，厨房里飘出饭菜的香味；

生病了，妈妈端出一碗热气腾腾的热汤面、小饺子。

以至于还不到十岁我就开始试着炒菜，

小学四年级开始我就自己在厨房里寻找可以做的美食，

还会把妈妈藏起来的大饼铛拿出来烤虾片吃。

那会儿厨房很小，工具也很简单，

现在厨房大了，工具也越来越多，

我挑了一些常用且好用的工具推荐给大家。

01 打蛋器

打散鸡蛋时使用，比筷子打得更为细腻。适合做中餐时使用，做烘焙的话还是要用电动打蛋器，转速更高，效果更好。

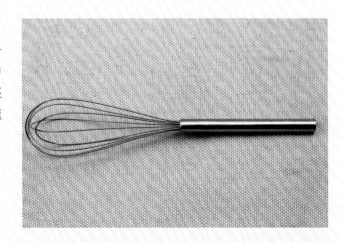

02 蛋糕铲

用于将切好的蛋糕块完整顺利地铲出。

03 多功能刮丝器

算是多用款，可以擦细丝、粗丝，还可刮鱼鳞，既好用，又不占地方。

04 多功能剪刀

这种弯头剪刀很适合探进去剪鱼鳃，方便刮去比较细小、隐蔽的鱼鳞，剪肉也很好用。

05 多功能小钳子

可以将生鱼刺拔出，或用于剔骨、小骨刺等，都很方便。

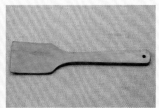

06 饭铲

适用于有涂层的锅，可保护锅底。

07 擀面杖

在家做饺子、馅饼、面条的必备工具。

08 刮板

烘焙的时候用于搅拌，或者抹油、抹奶油，十分好用，也好清洗。

09 夹子

用于夹点心、食材等。

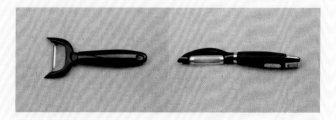

10 刮皮器

有两种。一种是刮面积比较大、平滑的食材用的刮皮器，比如刮土豆、茄子；一种是刮比较细长的食材的刮皮器，比如刮黄瓜、胡萝卜。

11 烤盘架

可以打开把食物放进去，放在明火上烤，直接翻面。也可以将炸好或烤好的食物放在上面晾凉、控油。

12 漏勺

煮饺子、焯菜或者焯肉用。

13 披萨烤盘

不仅仅可以用来烤披萨，也可以做蛋糕时用。

14 切披萨的刀

专门切披萨的刀，用在中餐切饼类的食材也很好用。

15 切生肉的刀

气孔是为了减小阻力，切牛排、去筋膜很好用。

16 刷子

用于清理锅具、灶台。

17 去皮器

用于去除橘子、橙子表皮，特别好用。

18 去核器

用于去除苹果、梨的核，可以不破坏整个水果的造型。

19 手动打碎机

水果切小块放进去，手动操作就可以打碎水果，用来做少量的水果泥很方便。

20 寿司帘

用于卷寿司。

21 水果刀

用于切水果，也可以做蔬菜刻刀。

22 挖球器

用于挖水果球，或者挖冰淇淋球。

23 西瓜刀

这种刀比较长，适合切西瓜。

24 小模具

做小蛋糕、小造型的模具。

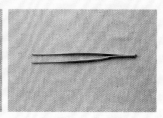

25 小镊子

用于去除动物表皮的细毛。

26 小夹子

可以夹住打开包装的袋子，且方便以后倒出粉末使用。

27 油壶

带刻度的油壶可以控制每餐的用油量。

28 电热水壶

家里备一个小巧灵便的电热水壶，方便很快喝上开水。

29 电动打蛋器

烘焙必备工具，可以将鸡蛋、奶油打发得细腻嫩滑。

30 不锈钢小炒锅

适合炒、煮、炖，比较方便。

31 密封罐

可以用来装自制的甜品饮料，放置起来保鲜又漂亮。

32 小奶锅

做小甜品必备，平时煮个热巧也很方便。

33 冰棍模型

夏天用其给家人冻冰棍，健康又方便。

34 小细眼筛子

做甜品、鸡蛋羹等过滤方便，让食材更细滑。

35 造型模具

用来做果冻、小甜品，可以做得更漂亮，有食欲。

36 原汁机

榨汁原理很好，适合老人、孩子，榨出来的果汁口感更好，出汁率也更高。

37 电压力锅

方便快捷，炖肉省时，营养还不流失。

38 焖烧罐

不用电很环保，晚上把要做的食材放在里面保温，第二天早上就可以变成粥或者羹，低温免煮，健康环保。

39 华夫饼机

操作简单，把调好的面糊倒进去，一会儿香喷喷的华夫饼就出锅了。

40 牛扒煎锅

可以煎出带花纹的牛扒，保证牛扒肉质嫩嫩的。

CHAPTER

2

食材加工方法

这一章提供了很多食材的加工方法，
之所以放在前面，
就是希望能够帮助大家在前期准备工作中
能弄明白很多基础的加工方法，
这样，后面在做菜的过程中操作起来也就更简单了。

01 草莓的清洗

1　先用软毛牙刷轻轻刷去草莓表面的浮毛及脏东西。

2　用清水冲洗草莓表面至干净，放清水里浸泡。

3　用小勺量取约 10 克盐。

4　撒入浸泡草莓的清水里，继续浸泡约 15 分钟。

5　用清水冲洗草莓，并拔去草莓蒂。

02 胡萝卜的加工

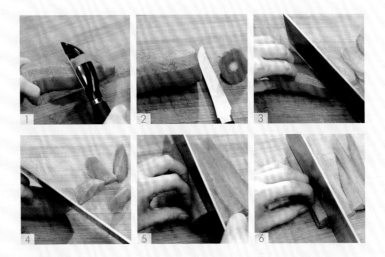

1　胡萝卜洗净，削皮。

2　削好皮的胡萝卜切去根部。

3　需要胡萝卜片，可以斜着将胡萝卜切片（适合炒着吃）。

4　需要胡萝卜块，可以按图将胡萝卜切滚刀块（适合炖、蒸）。

5　需要胡萝卜丁，可以将胡萝卜先切大厚片。

6　再切成长条。

7　最后切成小丁（适合炒蔬菜丁、焖饭）。

8　或者切成小长条（适合做配菜或者直接给孩子当零食吃）。

9　需要刻成造型的话，可以先将胡萝卜切薄片，再用模具刻成需要的形状（适合用来煮面或做卤肉饭的装饰）。

03 _胡萝卜
蝴蝶的
切法

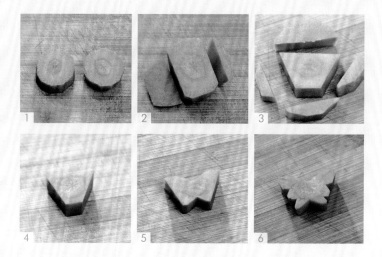

1　将胡萝卜切成 2 厘米厚的圆片。

2　在厚圆片左右两边各切一刀（如图）。

3　然后上下边各按图所示斜着切一刀。

4　切成一个梯形。

5　在梯形上下各挖一个小角。

6　左右各挖去两个小角，即成蝴蝶翅膀。

7　蝴蝶的样子已经基本完成，将蝴蝶立起来切薄片。

8　切成的蝴蝶片也栩栩如生，用这个造型的胡萝卜片做卤肉饭、煮面（或者做意面）、煎羊排、牛排当配菜都十分漂亮，孩子们也很喜欢。

04 _ 胡萝卜
丝和末
的切法

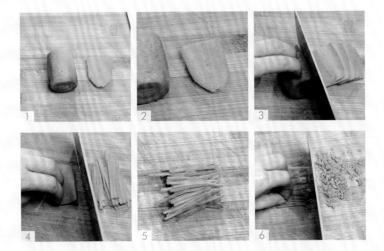

1　将胡萝卜切一刀（如图）。

2　将胡萝卜的切面和案板完全接触，这样可以在切片的时候将胡萝卜放平并固定住。

3　将胡萝卜切大薄片。

4　切好片的胡萝卜码放好，再切成细丝。

5　切成丝的胡萝卜如果不立即使用，可用凉水浸泡。

6　如果需要切胡萝卜末，可以将胡萝卜丝码放好，切成小碎末。

7　切好的胡萝卜末可以用来包饺子、馄饨等。

05 鸡腿去骨及切丁

1　鸡腿洗净，用厨房用纸吸去表面水分。

2　理清骨头的走向，用刀轻轻沿着骨头的走向划下去，将骨头剔除。

3 鸡腿肉上有筋膜，如果炒着吃，要把鸡腿肉表面的筋膜、油和外皮剔干净。

4 将剔干净的鸡腿肉切成小丁，这样的鸡丁比用鸡胸肉切出来的鸡丁嫩，做宫保鸡丁、酱爆鸡丁或者直接爆炒鸡丁都很好吃。

06 芒果的加工

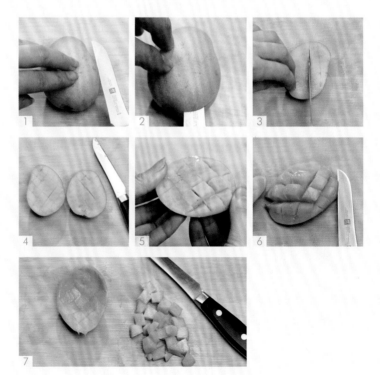

1　将芒果洗净。

2　沿着芒果核切成 3 片（一定要沿着核切，这样两边肉厚。）

3　上下两片为芒果肉，先顺着一个方向斜切（如图），别把皮切断，只切肉。

4　再反向切，将芒果肉切成小菱形。记住，千万别切断芒果的皮，将没有芒果核的两片芒果肉都切好。

5　用手一翻，两片芒果花就做好了，这时候芒果是可以直接吃的。

6　如果要切芒果丁，将翻好的芒果用刀沿着内表皮切下来。

7　芒果丁可以放在酸奶、布丁或冰淇淋里吃。

07_南瓜丁的
加工

1　将南瓜洗净去皮。

2　纵向一切两半，用勺子挖掉瓜瓤。

3　将南瓜切大片。

4　再切成条。

5　将南瓜条码放好，切成南瓜丁。

6　可以将南瓜丁焖在米饭里吃，又甜又糯。

08 牛肉去除筋膜

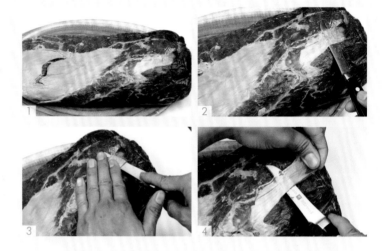

1　将牛肉洗净，控干水分。

2　在牛肉表面可以看到有白色发亮的筋膜，这个筋膜是炖不烂的，所以要用小刀将其剔除。

3　用手按住牛肉，将筋膜一点点从肉里挑出来。

4　再用刀将筋膜剔干净。

09 鱼片的加工

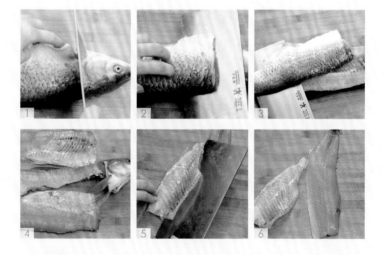

1　将草鱼洗净，刮去表面鳞片，从腮下下刀切，切到骨但别切断。

2　刀横过来片下去。

3　一直片到尾部。

4　另一面也用同样的方法片。

5　按住片下的鱼，将刀探入大刺的骨头处，贴住鱼骨将其剔除。

6　另一片也按这样的手法将鱼骨剔除。

7　这一步是去除鱼皮，按图示位置切下去。

8　别把鱼皮切断。

9　按住短的一头，贴住皮将鱼肉片下来。

10　将短的一头也贴皮将鱼肉片下来。

11　将刀斜下片鱼片，第一刀别切断。

12　第二刀切下去，打开这种叫做蝴蝶片，这样的鱼片适合汆烫。

13　另一种就是直接片鱼片。

14　片好之后，可以做水煮鱼、汆汤鱼片等，没有鱼刺，吃着方便。

10 _ 芹菜的洗切加工

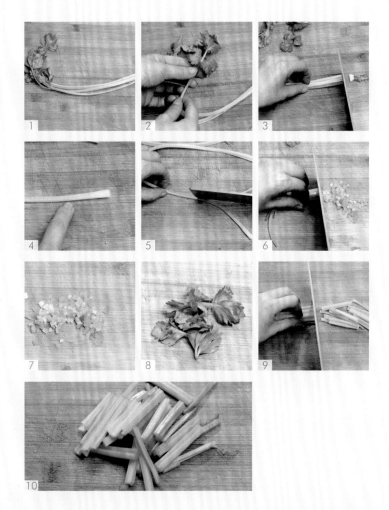

1 准备好芹菜。（芹菜需要
  先择再洗。）

2 将芹菜叶择去。

3 芹菜根切除或用剪刀剪去。

4 清洗芹菜。芹菜有凹槽，一
  定要将凹槽里的泥渍洗净。

5 将芹菜从中间先劈开切一刀。

6 再将芹菜切成细末。

7 可以用芹菜末包饺子、烙
  馅饼、拌面等。

8 揪下来的芹菜叶可以洗净
  控干水分，加上盐、香油、
  醋拌着吃，祛火又清爽。

9 芹菜也可以切段。

10 切段的芹菜适合炒或拌着吃。

11 _ 去除梨核

1. 鸭梨洗净，擦去水分。
2. 用去除苹果核和梨核的专用工具。
3. 用力将去核工具插进去。
4. 将梨核完整地掏出来。
5. 这样，一个完整的去完核的梨就处理好了。可以用它做菜或者蒸着吃，里面塞上川贝同蒸，蒸完连梨带川贝一起吃，祛火祛痰。

12 _ 去除西红柿皮

1. 西红柿洗净，顶部划上 "十" 字花刀。
2. 将划好口子的西红柿放入 90℃ 以上的热水中烫，带花刀的那面冲下放入热水中。

3　烫 2 分钟后，将西红柿翻面再烫 2 分钟。

4　捞出直接剥皮就可以了，西红柿在炒制的过程中最好去皮，因
　为西红柿皮并不能被消化。

13 _ 分离蛋黄和蛋清

1　鸡蛋洗净，在碗边磕开。

2　将没有蛋黄的一半蛋清先倒入碗中。

3　再将蛋黄篦着倒入空出的蛋壳中。

4　把剩余蛋清倒入碗中，蛋黄倒入另一个碗中，将蛋黄、蛋清分
　离做甜品用得比较多。

14 _ 分割牛扒

1 牛肩肉洗净，控干水分。

2 竖刀切成每片约 2 厘米厚的牛扒。

3 切好的牛扒用厨房用纸吸去表面水分。

4 直接煎牛扒，撒黑胡椒调味即可。

15 _ 土豆丝的切法

1 土豆洗净削皮。

2 用刮皮刀的顶端把土豆的凹处挖干净。

3　将土豆切大薄片。

4　将土豆片码好切成土豆丝，土豆丝烹制前可以先泡在清水里，
　　防止氧化变黑。

16 ─ 五花肉的 加工

1　五花肉洗净后擦干水分，将表皮朝上，用刀将肉皮表面多刮几次，
　　直至将肉皮表面刮干净。（很多时候我们买回来的五花肉并不注
　　意肉皮，其实肉皮很脏，还是要刮干净再做）。

2　将刮干净的五花肉切成大小均匀的块状，可以炖或者烧。

17 ─ 西红柿的 切法

1　西红柿洗净，切去蒂部。

2　将西红柿从中间一切为二。

3　半个西红柿放倒，切薄片。

4　切成薄片的西红柿可以凉拌，也可做汤。

5　若凉拌，可以先将西红柿片盛入保鲜盒，放冰箱冷藏，酸甜凉爽，口味更佳。

6　若炒着吃，将西红柿切块更适合。

18　西蓝花花冠和花茎的加工

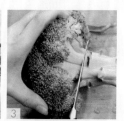
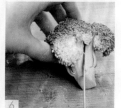

1　西蓝花洗净，控干水分。

2　掰去叶子。

3　切去茎部。

4　只留下花冠。

5　顺着西蓝花的脉络切下一大朵。

6　将大朵继续顺脉络切，削成小朵。

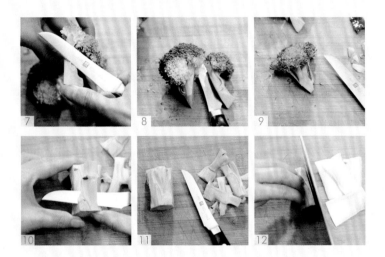

7　削成小朵的西蓝花茎部有粗纤维，可以用刀削去。

8　将小朵的西蓝花底部削尖。

9　削好的小朵西蓝花像一朵花，适合清炒或用来给卤肉饭、煎牛扒等摆盘，很漂亮。

10　现在处理西蓝花茎部，削去表皮。

11　削干净的西蓝花茎部。

12　将其切成片，可以炒着吃或腌着吃。

19 _ 鲜虾的加工

方法一：

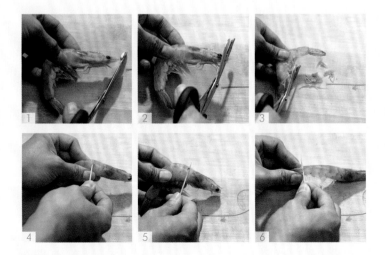

1 鲜虾洗净，剪去虾须。

2 剪去虾枪。（这样便于在烹制的过程中使虾头加热，促进虾头分泌红油。）

3 剪去虾腿。

4 拿住鲜虾，从虾头第一节底部将牙签穿进去。

5 往上一挑，出现一条黑线就是虾线，将其挑出。

6 再从虾的尾部将牙签穿入，挑出虾线。

7 把刚才从头部挑出的虾线，从头部慢慢均匀用力揪出。

8 挑出的虾线一定要保持完整。如果虾线挑不净，中途断了，还要重新从中间段挑出来，所以要保证手力均匀。如果虾线挑不净，做出来的虾会吃着牙碜。

方法二：

1 鲜虾洗净控干水分。

2 将虾头揪下去。

3 将虾皮剥去。

4 剥好皮的完整鲜虾。

5 将鲜虾贴在案板上按住。

6 用刀慢慢划开虾背，但不要划断。

7 找到虾线，将虾线挑出。

8 收拾干净的鲜虾段。

20 香菇丁的加工

1 香菇洗净，控干水分。

2 把香菇蒂用刀切下来。（香菇蒂在切丁的时候就不用了，因为它的纤维比较粗，口感不好。）

3 香菇帽放平，将其按住，用刀从中间片一下。

4 一片两半后再切条。

5 将码好的香菇条切小丁，用香菇丁做馅儿很提鲜。

21 — 香菇花的
切法

1   香菇洗净去蒂，用小刀在香菇表面斜着切一刀。

2   再在反方向切一刀，切出一条小沟。

3   将小沟中的香菇肉取走。

4   旋转约 45° 角，至如图方向斜刀切。

5   再在反方向切一刀。

6   继续旋转 45° 角，至如图方向斜刀切。

7   再在反方向切一刀。

8   这样，香菇花就刻好了。香菇花可以用来煮面，或做菜时用做配菜，
     都很漂亮。

22 _ 洋葱的
加工

1 洋葱洗净，切去根部。

2 再切去顶部。

3 将洋葱表面的浮皮剥去，露出新鲜的部分。

4 一切两半，其中一半切丝。

5 切成丝的洋葱适合炒着吃，或者做干锅、铁板、汉堡的配料都
   很适合。

6 切成丝的洋葱也可以继续切成洋葱末。

7 洋葱末可以用来炝锅或做烘焙烤制食品等。

23 _ 鱼的处理

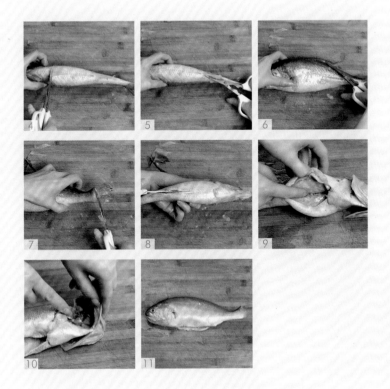

1　鱼洗净控干水分，在尾部用刀逆着鱼鳞方向将鱼鳞刮去。

2　依此方法，将鱼两面及鱼肚处的鱼鳞全部刮去。

3　将鱼鳃下鱼鳍剪掉。

4　鱼肚前方的鱼鳍剪去。

5　鱼肚后方的鱼鳍剪去。

6　鱼背部的鱼鳍剪去。

7　鱼尾部的鱼鳍剪去。

8　用剪子将鱼肚剪开。

9　打开鱼肚，将里面的东西掏出扔掉。

10　打开鱼鳃，将鱼鳃剪干净。

11　将收拾好的鱼用厨房用纸吸干表面水分。

早餐

在孩子生长发育的旺盛时期，
早餐是一天中最重要的一顿饭，
要注意补充充足的蛋白质和钙。
好的早餐会让孩子骨骼发育良好，
大脑清醒，充满正能量，
营养均衡而有幸福感。
健康的早餐不仅仅要满足孩子们的营养所需，
还要味美而丰富。
日本在最近的 15 年里，青少年平均身高提高了 2.8 厘米（男），
这跟早餐品种多样化有很大关系。
我去日本考察的时候发现，
日本一顿早餐动辄用 10 多个盘子，
食物品种多，营养摄取丰富，
而且绝不会因为清晨时间紧而忽视早餐。
所以说，丰富而营养的早餐是孩子成长的关键！

01 /
维生素和蛋白质一个也不能少
西红柿营养蛋饼

　　每天早上 6 点多起床，对小朋友来说是件艰难的事。我喜欢在暖香扑鼻的房间叫醒宝贝，让她早上的"起床气"消失在饭菜的香味中！我们喜欢每天晚上商量第二天的早餐吃什么，有时候宝贝会说："爸爸你都把我说饿了，让明天早点到来吧！"

— 原料 —

小蘑菇 100 克	盐 3 克
鸡蛋 2 个	食用油适量
西红柿 1 个	
香葱 1 根	

  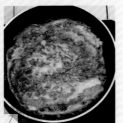

— 做法 —

1　小蘑菇洗净，去除根部。

2　西红柿洗净，切成小丁。

3　香葱切末。

4　鸡蛋打散。

5　将西红柿丁、小蘑菇、香葱末放入打散的鸡蛋中搅打均匀，放
　　盐调味。

6　锅内放食用油，油热后倒入蛋液。

7　摊至蛋饼两面金黄即可。

西红柿蘑菇蛋饼 + 猕猴桃 + 麦片奶

焦香入味的蛋饼，配个维生素 C 含量超高的猕猴桃，再来碗营养丰富的麦片奶，是不是够丰盛呢？

02/ 肥牛乌冬面

暖身又营养的能量早餐

　　肥牛乌冬面适合相对寒冷点的清晨，热气腾腾、喷香美味的肥牛面连汤带面给孩子来一大碗再去上学，身上暖暖的。做法也很简单，尤其适合时间紧张的清晨做给孩子吃。而且牛肉本身强筋壮骨，特别适合成长中的孩子。

— 原料 —

肥牛片 100 克	油 5 克
香菇 3 朵	盐 3 克
油菜 1 棵	香油 3 克
味噌 5 克	料酒 3 克
乌冬面 100 克	酱油 4 克

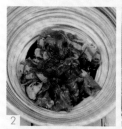

— 做法 —

1 油菜洗净，切为四瓣，香菇表面切花刀。

2 肥牛片放入盐、香油、料酒、酱油腌渍入味。

3 坐一锅水，水开放入味噌、乌冬面、处理好的香菇和油菜，小火煮约 5 分钟捞出。

4 锅中放入一点油，将肥牛片倒入锅中迅速滑散，变色盛出。

5 将肥牛片放入煮好的面条上就可以吃了。

小·米
提示
将木耳、小芹菜焯水捞出，放入小豆腐拌匀，爽口的小菜就做好了。鸡蛋打散加温水用筷子搅匀，鸡蛋与水的比例是 1：1.5，用滤网把打好的鸡蛋液过滤一下，放入剥好皮的鲜虾，用保鲜膜包上，蒸锅烧水，水开后将包着保鲜膜的鸡蛋液连碗放入蒸屉上大火蒸，烧开后转小火 8~10 分钟，出锅放入一点香油和生抽，嫩滑的鲜虾鸡蛋羹就完成了。

肥牛乌冬面 + 鲜虾蛋羹 + 嫩尖拌豆腐

香喷喷的肥牛乌冬面，配上爽口的小菜，再来份嫩滑的鲜虾蛋羹，别提多美味了！

03 / 满满优质蛋白和钙质的
金枪鱼煎蛋三明治

　　三明治实在是道可以多种搭配的美食，除了必不可少的面包、奶酪、生菜之外，还可以根据自己的喜好来加料，煎蛋、金枪鱼、火腿、培根等都可以。而且做法简单，不仅可以做早餐、下午茶，还可以外出郊游的时候做了吃。做的过程中还能让孩子参与，培养他们的动手能力。最关键的是，三明治还是一道营养全面的美食，特别适合处在生长发育期的孩子们。

— 原料 —

面包片 3 片　　　　金枪鱼罐头 1 个
生菜叶 1 片　　　　沙拉酱 10 克
鸡蛋 1 个　　　　　橄榄油 3 克
西红柿 1 个　　　　油 2 克

— 做法 —

1　锅内放入少许油，磕入鸡蛋，煎至两面焦黄。

2　西红柿洗净，切大薄片。

3　锅内放一点橄榄油，将面包片放入，小火将面包两面略煎一下（约 10 秒钟）。

4　金枪鱼中放入沙拉酱搅拌均匀。

5　将面包片放好，码放一片生菜叶、一片西红柿，抹一些金枪鱼酱。

6　再放一片面包片，面包片上放煎蛋，再放一片西红柿，再抹金枪鱼酱。

7　放上最后一片面包片。

8　将码好的三明治用牙签扎好，对半切开，好吃的金枪鱼煎蛋三明治就做好了。

金枪鱼煎蛋三明治 + 麦片酸奶 + 蔬菜沙拉

三明治是款做法简单又营养丰富的早餐，蔬菜和煎蛋搭配金枪鱼，健康美味。还可以加入奶酪，也很好吃。搭配麦片酸奶、蔬菜沙拉，补钙加优质蛋白，妥妥的啦。

04/ 冬季早餐优选
厚煎牛肉芝士汉堡

　　很多孩子对热乎乎的大汉堡情有独钟，难怪一些洋快餐那么受欢迎。但论货真价实还得说自己做的，煎得厚厚的热乎乎的牛肉饼又香又过瘾，尤其适合寒冷的冬天吃。在冬季可以选择一些高热量的食物做早餐，但是在炎热的夏季就不建议选择了。

— 原料 —

牛肉馅 150 克	西红柿 1 个
汉堡面包 1 个	生菜叶 1 片
芝士 1 片	黑胡椒 2 克
鸡蛋 1 个	盐 3 克
洋葱 1 个	橄榄油 5 克
酸黄瓜 1 根	

— 做法 —

1　牛肉馅中放入鸡蛋、黑胡椒、盐，搅拌均匀。

2　洋葱切粒，放入牛肉馅中拌匀，整形成厚饼状。

3　洋葱切圈，西红柿切片，酸黄瓜切片，生菜叶洗净控干水分。

4　汉堡面包放入烤箱，180℃上下火提前预热，加热 2 分钟左右。

5　锅内放入少许橄榄油，小火将牛肉饼两面煎透，至微微有点焦香。

6　烤好的面包底片码好，依次放入洋葱片、西红柿片、酸黄瓜片。

7　放上煎好的牛肉饼，再加片芝士。

8　放上剩下的面包片即成。

厚煎牛肉芝士汉堡 + 无油红薯
条 + 草莓酸奶

芝士片放在刚刚煎好的热牛肉饼上，每吃一口都
是浓浓的芝士和牛肉混合的香味。草莓切小粒放
入酸奶中酸甜可口，用空气炸锅炸得无油的红薯
条很酥香，这一顿香气扑鼻的早餐是否能抵挡阵
阵寒风呢？

05/ 口味清淡、Q弹适口的
鲜虾小·寿司

　　寿司是一道低脂而营养丰富的美食，口味清淡味道好，孩子们也很爱吃，搭配也可以多种多样。做寿司最关键的两样食材要把握住：一是米饭，一定要用弹性好、口感好的大米，这样做出的寿司Q弹可口；二是包裹米饭的海苔，最好用寿司海苔，这样卷的时候比较容易成型，吃起来口感也更好。

— 原料 —

新焖的米饭 50 克　　鲜虾 100 克
黄瓜 30 克　　　　　海苔 10 克
胡萝卜 30 克　　　　寿司醋 6 克

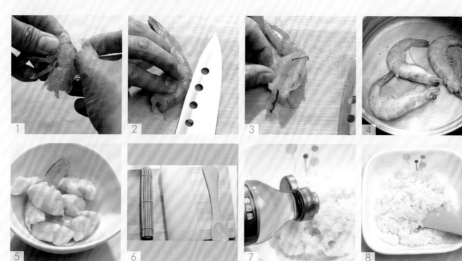

— 做法 —

1　将虾头去除，剥去虾皮，留虾尾部一节。

2　一手压住虾，一手拿刀将虾背切开。

3　黑色虾线露出，取出即可。

4　将收拾好的虾放入热水中烫熟。

5　烫好的虾切成虾段。

6　准备好做寿司的工具：寿司帘、寿司卷、刮板。

7　焖好的米饭晾凉，倒入寿司醋。

8　将米饭与寿司醋拌匀。

9　黄瓜切条，胡萝卜切条。

10　寿司帘铺平。

11　将海苔放在上面，再放上米饭。

12　放上黄瓜条、胡萝卜条、虾段。

13　用寿司帘将海苔使劲卷紧。

14　卷好的寿司切成小段即可。

小米
提示　新焖好的米饭要用饭铲搅拌开，让米饭散开，晾凉后再放寿司醋。
卷寿司的时候一定要使点劲儿，将米饭与里面的食材裹紧，这样
切开的寿司才不至于塌掉，味道也好。

06/ 自己做才敢放心吃的
香酥鸡蛋灌饼

鸡蛋灌饼是一种街边常见的小吃，每每路过香气扑鼻。鸡蛋灌饼本身不错，但街边吃一是不卫生，二是对用的油实在不放心。有次我亲眼看见油里落下小飞虫，卖鸡蛋灌饼的大姐拿刚收完钱的手用长长的指甲捞出小飞虫，继续烙饼。如此烙好的饼，再加上红得有些吓人的肠，实在令人不放心。其实，鸡蛋灌饼做早点真心不错，不过更推荐自己在家做，卫生、放心又有乐趣。

— 原料 —

面粉 300 克	盐 3 克
温水 180 克	甜面酱 3 克
鸡蛋 2 个	油 6 克
生菜 3 片	

— 做法 —

1　盐放入温水中搅拌至溶化，面粉倒入大碗中，分次慢慢倒入温水，边加水边用筷子搅拌。待面粉呈大碎片后，用手揉成光滑的面团，盖上保鲜膜，饧约半小时。

2　这时候可以把鸡蛋打成蛋液，生菜洗净后沥干水分。

3　面团饧好后，用手揪成鸡蛋大小的剂子。

4　将面剂子揉起，擀成大长薄片。

5　用刷子在擀开的面片上均匀地刷一层油，将刷好油的面皮从一端卷到另一端（卷得稍微紧一些），在封口处将面片捏紧。

6　卷好后，将面团立起，用手掌从上往下按平。

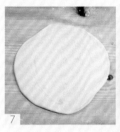  

7　然后用擀面杖擀成薄饼。

8　平底锅烧热后倒入油，放入薄饼，中小火烙制。当饼的中间鼓起来时，迅速用筷子将鼓起的部分扎破，形成一个小口，这时将鸡蛋液灌入，然后翻面继续烙。

9　待两面煎成金黄色，在煎好的鸡蛋饼上抹甜面酱，再放上一片生菜卷好，就可以吃了。

香酥鸡蛋灌饼 + 水果小丁 + 乌鸡蛋汤

早餐吃好，一天的精神都满满的。香酥美味的鸡蛋灌饼，再加上一小碗时令水果小丁，做个乌鸡蛋汤，滋润美味，强筋壮骨。

07/
面条爽滑、牛肉鲜嫩的
牛肉炒乌冬面

　　牛肉是一种高营养密度食品，富含蛋白质、铁、锌、钙，还有每天需要的 B 族维生素，说它是早餐中的"金刚"再合适不过。而乌冬面含有高质量的碳水化合物，几乎不含脂肪和反式脂肪酸，二者的结合堪称完美。

— 原料 —

乌冬面 150 克	橄榄油 8 克
牛肉 50 克	蚝油 4 克
洋葱 10 克	盐 3 克
红彩椒 10 克	生抽 3 克
香葱 3 克	老抽 3 克
大蒜 5 克	白糖 2 克
姜 5 克	

— 做法 —

1　乌冬面先用开水烫，再过冷水，控干备用；牛肉切片；红彩椒切丝；香葱切段；姜切丝；蒜切片；洋葱切丝。

2　锅内放橄榄油，油微热下入洋葱丝、蒜片、姜丝煸炒出香味。

3　放入牛肉片翻炒。

4　将牛肉片炒至变色。

5　放入蚝油、盐、生抽、老抽、白糖及部分香葱段调味。

6　倒入乌冬面，迅速滑散，加一点汤或水，转小火盖锅盖略微焖一下。

7　开盖翻炒至面条裹满牛肉汁。

8　下入红彩椒丝、香葱段翻炒均匀，出锅装盘。

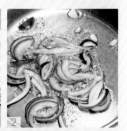

小·米
提示　我用的是澳洲牛肉，肉质比较嫩，所以没有提前腌渍过。如果使用普通牛肉，炒前最好提前腌渍一下会更入味，可用盐、生抽、老抽、油、啤酒腌制 5~10 分钟。在腌制时加一些啤酒，会让肉的纤维"吸饱"啤酒，这样炒出来的肉不但不老，而且味道香。

08/

香中带鲜，营养满格的
鲜虾小·馄饨

　　我特别喜欢清晨的闹钟响起后，首先闻到的早餐味道。记得小时候我妈特别爱给我蒸鸡蛋羹吃，我最爱闻鸡蛋羹出锅，撒上香葱，倒上香油、醋的味道。轮到我家宝贝，她常常说很喜欢早上一醒来就闻到热腾腾的馄饨的香味，会觉得无比美味。

— 原料 —

馄饨皮 20 张	香油 2 克
猪肉馅 100 克	盐 2 克
鲜虾 4 只	虾皮 3 克
葱末 3 克	紫菜适量
姜末 3 克	香菜适量
生抽 3 克	

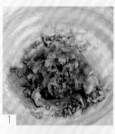
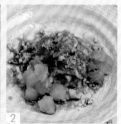

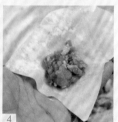

— 做法 —

1 猪肉馅中放入葱末、姜末、香油、盐、生抽。

2 鲜虾去皮、去虾线，切成小段放入猪肉馅中。

3 将猪肉馅搅拌均匀。

4 将馄饨皮四周抹上水，放上馄饨馅。

5 包上十来个馄饨就可以做一顿早餐，可以多包出一些放在冰箱冷藏。煮馄饨的时候，备一只大碗，放入虾皮、紫菜、醋、香油、盐、生抽，煮好的馄饨连汤盛入碗中，再撒上一些香菜，一碗香喷喷的鲜虾小馄饨就出锅了。

小·米 提示

1 包馄饨最好用鲜虾，市面上的虾仁用水浸泡或冷冻的时间太长，已经没了虾的鲜香味道了。

2 鲜虾去皮后不用切太碎，大粒的虾肉吃着更美味。

鲜虾小馄饨 + 杂粮红薯玉米 + 山药拌木耳

山药去皮切片；胡萝卜切片、木耳提前泡发，焯水后捞出，放入盐、香油、生抽拌匀就可以吃啦。红薯是直接上锅蒸即可，蒸时放点玉米粒和胡萝卜丁，给孩子吃些红薯能够帮助通肠胃。木耳有清胃涤肠的作用，可以在拌小菜的时候给孩子加一些。

09/

粒粒分明、焦香入味的

香菇肉臊玉米炒饭

　　这是一道特别香的炒饭，喜欢里面被炒得肉肉的香菇、小粒的肉末、混合着炒得微微焦香的米饭。这时候用勺子大口吃最过瘾！当然，炒饭和汤更配哦，不妨再来一碗西红柿鸡蛋汤，味道绝对超赞！

— 原料 —

香菇 5 朵	香芹 1 根
猪肉馅（或牛肉	盐 3 克
馅）50 克	香油 3 克
隔夜米饭 1 碗	酱油 3 克
玉米粒 20 克	油 5 克
洋葱半个	

— 做法 —

1 香菇切小粒，洋葱切小粒，香芹切小粒。

2 猪肉馅（或牛肉馅）中放入盐、香油、酱油拌匀，腌渍入味。

3 锅内放油烧热，放入洋葱末炒香，放入猪肉馅煸炒出香味，至变色时放入香芹粒、玉米粒、香菇粒翻炒入味。

4 将米饭倒入锅中迅速翻炒至散，上色均匀后出锅即可。

小米
提示

不论是蛋炒饭还是其他炒饭，都最好用隔夜饭，隔夜饭水分少，炒出来粒粒分明。凉米饭往往会成大块，炒的时候不容易散开，可以提前将米饭用微波炉加热一下再炒，会容易很多。

香菇肉臊玉米炒饭 + 油醋汁拌小菜 + 西红柿鸡蛋汤

炒饭味道较重，拌个清爽的油醋汁拌小菜，再配个简简单单的西红柿鸡蛋汤。喷香又舒心的早餐就好了。

10 / 方便面的健康新吃法
鲜虾炒面

　　这道海鲜炒面之所以用方便面，是为了满足孩子想吃方便面的请求。我们可以取其优点，去其糟粕，方便面表面有层蜡，在炒面之前我用开水将其烫去，加入鲜虾、鱿鱼等海鲜，再放上些蔬菜，这样的海鲜炒面吃起来是不是够营养呢。

— 原料 —

鱿鱼 1 条　　　　蒸鱼豉油 5 克
圣女果 5 个　　　油 3 克
油菜 1 棵　　　　葱花 3 克
方便面 1 块　　　盐 3 克
鲜虾 4 只

— 做法 —

1　鱿鱼洗净切丝，油菜洗净后一切为二，
　圣女果切两半，鲜虾洗净。

2　锅内坐水，水开放入方便面，将方便
　面煮散捞出。

3　锅内放油，煸香葱花，下入鱿鱼丝，
　鲜虾煸炒变色，倒入蒸鱼豉油炒匀，
　放入油菜、圣女果。

4　将煮好的方便面放到炒好的鲜虾、鱿
　鱼丝中，加入一点盐，翻炒均匀即可。

小米
提示　　熬白粥的时候放点柚子皮丝，熬
　　　出的白粥会很清香；用海鲜酱拌
　　　的萝卜丝清爽而鲜香。

鲜虾炒面 + 柚皮白粥 + 海鲜酱拌白萝卜丝

这款超豪华版的海鲜面，配上碗清香适口的柚皮白粥，就个鲜香清爽的白萝卜丝小菜，可谓荤素相宜，恰到好处。

11 / 就爱这口暖身又暖胃的
西红柿疙瘩汤

　　西红柿疙瘩汤是老北京的一道美食，带着我童年的回忆，每次吃的时候就想着小时候我妈在锅边给我拨面疙瘩的情景。小时候，我但凡生病就爱吃这口，连汤带面疙瘩一大碗下肚，捂着被子倒头就睡，第二天一准好。这个当早点吃着很舒服，加了金针菇营养更全面，当然也可以加点白菜丁或虾皮，也很好吃。

— 原料 —

面粉 200 克	大葱 10 克
西红柿 2 个	鸡蛋 1 个
金针菇 20 克	油 3 克
香菜 10 克	盐 3 克

— 做法 —

1　葱切末，金针菇切小段，香菜切末。

2　西红柿用刀划个"十"字口，放入开水锅中烫一下，把皮剥去。

3　将剥去皮的西红柿切块。

4　面粉中一点点加水，一边加水一边用筷子沿碗边搓面粉。

5　直至将面粉全部搓成小小的湿面疙瘩。

6　锅内放入少许油，爆香葱花，放入西红柿，大火翻炒至西红柿
　　软烂出红油。

7 鸡蛋打散备用。

8 锅内加入一碗热水，大火烧开，放入金针菇段。

9 用筷子把湿面疙瘩向滚水内分批拨散，并立即用勺子搅匀，免得粘连。

10 再次煮开后放盐。

11 倒入鸡蛋液，马上抄底搅动。

12 待蛋液浮起，调入香菜，关火出锅。

小米
提示

1 西红柿要选择熟透、饱满多汁的，这样才容易出味儿。

2 搅湿面疙瘩时，水流尽量小，疙瘩越小越薄口感越好。如果疙瘩搅得太大块了，可以在面板上切碎。

3 西红柿一定要先炒出红油再下水，这样汤汁的西红柿味道才浓。

4 面疙瘩下锅后要马上搅动，否则易粘连，结大块。

5 鸡蛋液下锅后，马上抄底搅动，浮起的蛋花会很轻盈、漂亮。

6 喜欢西红柿块状口感的，可以最后添加部分西红柿丁或者块。

12 /

改良版的糊塌子——

北极虾西葫芦饼

西葫芦饼又叫糊塌子，加入鲜甜的北极虾味道更好。糊塌子是老北京小吃，我在糊塌子里面加过三文鱼、北极虾，这两种鲜甜的食材味道都不错，很适合孩子吃。

— 原料 —

西葫芦 1 个	香油 1 克
面粉 200 克	油 1 克
北极虾 10 只	
鸡蛋 1 个	
盐 3 克	

— 做法 —

1 西葫芦洗净擦丝。

2 放入盐和鸡蛋。

3 加入剥好皮的整只北极虾。

4 加入面粉。

5 将所有原料顺着一个方向打成糊状。

6 倒入一点香油。

7 平底锅中放入一点油，将面糊倒入，摊成薄饼。

8 一面边出现焦色时翻面，至另一面也上色。烙好的糊塌子切小块食用即可。

小米
提示

味增豆腐的做法：豆腐切小块，金针菇切段，放入煮开的味噌汤中，煮 2 分钟盛出，豆腐鲜嫩入味。温泉蛋的做法：用小锅烧一锅水，水开磕入鸡蛋，不打散，盖盖儿关小火，将鸡蛋煮熟，连汤带鸡蛋盛入碗中，加入香油、盐及一点生抽。

北极虾西葫芦饼 + 味噌豆腐 + 温泉蛋

口感鲜美的北极虾西葫芦饼可搭配健康美味的味噌豆腐，再来个温泉蛋，高钙、高蛋白的营养早餐就做好了！

13 /

多重口感，一吃就有好心情的

花生酱香蕉面包小·方

这款早餐的搭配特别简单，但是吃起来很美味有多重口感。酥脆的蛋酥卷，甜软的香蕉，醇厚的花生酱，配上热巧克力，让你一天都会有好心情。

— 原料 —

全麦面包片 2 片
花生酱 20 克
香蕉 2 根
椰蓉 20 克
蛋酥卷 2 根

— 做法 —

1　面包片上抹花生酱。

2　将香蕉切片，码放在面包片上。

3　蛋酥卷敲碎。

4　香蕉片上撒上椰蓉、蛋酥卷碎，将面包四边切去即成。

花生酱香蕉面包小·方 + 热巧克力

这款口感丰富、美味无比的面包小方搭配
的是用热牛奶冲的巧克力,早上喝一杯,
能量十足。

14 / 常态的补钙早餐
面包小·披萨

　　早餐总得挑一些好吃又容易上手的来做，披萨小朋友们都爱，尤其是那厚厚拉丝的奶酪。可一大早上烤个披萨实在是有些不现实，如何不影响口感又能简单地做出一款披萨呢？我十分推崇拿面包片做底的快手面包披萨，短短几分钟就能搞定，味道还超级好！

— 原料 —

全麦面包片 4 片　　玉米粒 30 克
金针菇 30 克　　　马苏里拉奶酪 50 克
火腿 2 片　　　　圣女果 10 颗

— 做法 —

1　圣女果一切四瓣，再切小粒；火腿切
　　小菱形块；金针菇去除蒂部。
2　将面包片码在烤架上，放上圣女果粒、
　　金针菇、玉米粒、火腿粒。
3　撒上马苏里拉奶酪。
4　烤箱 180℃ 预热，上下火烤 5~8 分钟，
　　随时观察（每家烤箱不一样），看到
　　奶酪表面微微融化，有一点点焦色立
　　刻取出。

面包小·披萨 + 笑脸煎蛋 + 南瓜汤

在烤这款奶酪多多、钙质丰富的小披萨时，
不妨做个简单的南瓜汤，再花两分钟做款
笑脸煎蛋。这简单的早餐组合绝对能让孩
子胃口大开哦！

15 / 鸡蛋牛奶煎馒头片

蛋白质和钙质双管齐下的早餐

　　想要把馒头片炸得外焦里嫩，还不能用太多油，那特别适合用下面这个做法。这样做出的馒头片蛋奶香很浓郁，小朋友们也很喜欢这种口感。而且做法也简单，比直接将馒头切片炸更容易成功，因为牛奶蛋液凝固比较快，容易成型，不像直接炸，馒头片要先吸足了油，还容易煳。

— 原料 —

馒头 2 个
鸡蛋 2 个
牛奶 100 毫升
油 5 克

— 做法 —

1　馒头切大片，不要太厚。

2　将两个鸡蛋打散，倒入牛奶，搅拌均匀。

3　锅内坐一点油，油热后将馒头片整个放入调好的蛋奶液中，再取出放入锅中煎。煎至馒头片外表成金黄色的脆壳，盛出即可。

小·米
提示

鲜虾蔬菜沙拉做法
胡萝卜、黄瓜切小丁，撒上一把玉米粒；将鲜虾去头剥皮，去虾线，放入热水锅中焯熟捞出。将刚才的玉米粒、蔬菜丁和鲜虾倒入酸奶中搅拌均匀即可。

鸡蛋牛奶煎馒头片 + 自腌咸蛋 + 鲜虾蔬菜沙拉

用煎得外焦里嫩的馒头片配上腌得流油的自腌咸蛋，再来一碗酸甜爽口、营养丰富的鲜虾蔬菜沙拉，特别受孩子们的喜爱。

16 / 多种组合、怎么都好吃的
土豆火腿煎饼

　　这款土豆火腿煎饼做法简单，里面的蔬菜和肉也可以根据孩子喜欢的口味进行调整，比如，喜欢甜点儿的可以放一些蔓越莓，营养丰富，也很好吃；圆火腿也可以换成虾肉或者培根。总之，这是一道可以有多种搭配方式的美味！

— 原料 —

玉米粒 20 克	香葱 10 克
土豆 1 个	圆火腿 2 片
面粉 30 克	圣女果 4 颗
鸡蛋 1 个	油 6 克

小米提示　配上凉拌的豆芽和热热的现磨五谷豆浆，尤其适合孩子们每天的大运动量。

— 做法 —

1　土豆洗净去皮，擦成细丝。

2　香葱切末，圣女果切小丁，圆火腿切小粒。

3　将圆火腿粒、圣女果丁、玉米粒、土豆丝、香葱末和面粉混合，
　　面粉和土豆丝的用量差不多 1：1 就行。

4　将面糊搅拌均匀。

5　锅内坐少许油，油热后将面糊用勺子摊成饼状放入锅中，小火
　　煎至两面金黄色即可。

土豆火腿煎饼 + 凉拌豆芽 + 现磨五谷浓豆浆

蓬松好吃的土豆饼可以搭配番茄沙司趁热吃，一口一个，特别好吃。再配个凉拌豆芽，喝碗热豆浆，舒坦！

17 / 好吃又健康的"能量早餐"
鸡蛋圆白菜素炒饼

　　我把炒饼叫做"能量早餐"，用肉炒饼很好吃，但是我觉得在一周的某一天可以让孩子不吃肉，多吃蔬菜，这对身体也是一种调节。这时候可以用鸡蛋代替肉，既好吃又能定期调理一下肠胃。

— 原料 —

烙饼丝 100 克　　香葱 3 克
鸡蛋 65 克　　　盐 3 克
豆芽 10 克　　　油 5 克
圆白菜 40 克　　生抽 3 克

— 做法 —

1　圆白菜洗净，控干水分切丝；香葱切末；豆芽洗净，控干水分。

2　鸡蛋打散放入少许盐，坐锅摊成一个整张的鸡蛋饼。

3　鸡蛋饼放凉，切成丝。

4　锅内放少许油，烧热后下香葱末煸炒出香味，放入圆白菜丝、
　豆芽煸炒，放入少许生抽调味。

5　倒入烙饼丝，加入少许盐快速翻炒均匀，撒上鸡蛋丝。

6　将鸡蛋丝、烙饼丝和蔬菜丝炒匀即可出锅。

鸡蛋圆白菜素炒饼 + 芝麻酱拌四季豆 + 青菜虾皮豆腐汤

随手将四季豆焯熟，过凉，放入芝麻酱、盐、醋、香油，拌个小凉菜。再用手头的青菜、虾皮、豆腐做个清汤，很舒服的一餐就搞定了。

18 / 富含多种维生素的
双色面条

　　小时候，我妈会老早起来擀面条，然后做一大锅热汤面，在寒冷的冬天吃着格外香。现在轮到我给我家宝贝做，加上胡萝卜汁做成橙色面条，加上菠菜汁成绿色面条，有时候榨汁的过程让宝贝自己来，让她参与面条的制作过程，她会觉得面条格外香！

— 原料 —

中筋面粉 400 克　　味噌 10 克
菠菜汁 150 克　　　葱花 3 克
胡萝卜汁 150 克
香菇 4 朵
西红柿 1 个

— 做法 —

1　菠菜洗净，控干水分。
2　坐锅开水，放入菠菜，待菠菜变软立刻捞出，控干水分，放入凉水中泡一下。
3　香菇洗净，去除根部，表面切花刀。
4　西红柿切大薄片。
5　菠菜控干水分切段，胡萝卜切条。
6　用榨汁机将菠菜段榨汁，控出菠菜渣。
7　将胡萝卜条榨汁，控出胡萝卜渣。
8　200 克面粉兑 150 克胡萝卜汁，和匀后揉制成面团。
9　200 克面粉兑 150 克菠菜汁，和匀后揉制成面团。
10　将和好的面团盖上潮湿的毛巾或保鲜膜饧 20 分钟。

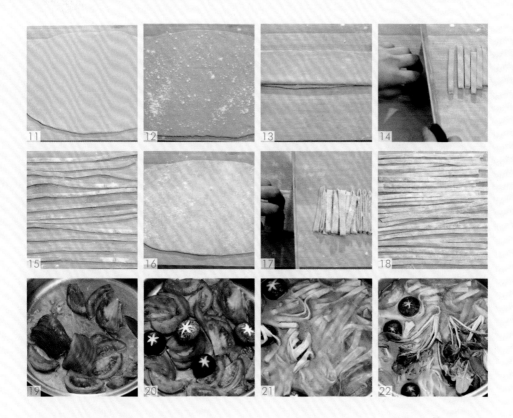

11 饧好后，将胡萝卜面团擀成大薄片。

12 撒上薄面。

13 折成三折。

14 切成面条。

15 切好的面条展开，晾在案板上。

16 饧好的菠菜面团擀成大薄片，撒上薄面。

17 折成三折，切成面条。

18 菠菜面条切好，展开晾在案板上。

19 锅内放入少许油，煸香葱花，下入西红柿片。

20 煸炒出红油，放入香菇。

21 待香菇炒软，放入开水，下入面条。

22 加入少许味噌，小火煮 5 分钟左右，至面条
　 熟透，放入菠菜叶（分量外）煮软即可。

小·米
提示

菠菜中的草酸含量高，而草酸容
易和人体进食的钙结合，形成不
溶性的草酸钙，妨碍人体对钙的
吸收。因此，为了预防形成结石
和影响人体对钙的吸收，在烹制
菠菜时最好用开水焯一下，以释
放出草酸。

味噌本身味鲜又带咸味，所以不
用再加其他调料了。

菠菜渣和胡萝卜渣可以用来做馄饨
馅儿，或者和在面条面团里也很好。

4

晚餐

小朋友的晚餐，
我尽量选择营养丰富又低脂，
且蔬菜品种多些的搭配方式。
因为晚餐离睡眠时间比较近，
晚餐吃得过于油腻容易引起发胖，
吃得过饱还会影响小朋友的睡眠，
都不利于孩子的成长。
另外，考虑到大人上班比较忙，
晚上给小朋友做饭，选择一些好吃、易上手、
营养又低脂的菜式将非常合适。
在搭配中也尽量丰富蔬菜的种类！

01 / 做法健康口味佳的
咖喱牛肉盖浇饭

　　我家宝贝特别喜欢把炖得软烂入味的牛肉和蔬菜连汁一起浇在米饭上，拌起来吃可以吃掉一大盘子。咖喱温和暖胃，咖喱牛肉的做法也相对简单，因此很适合给小朋友当晚餐食用。另外，由于蔬菜和牛肉都是炖熟的，没有用油炒制，所以十分健康。

— 原料 —

牛肉 500 克	葱 10 克	白糖 2 克
洋葱 1 个	姜 5 克	料酒 2 克
香菇 6 朵	蒜 2 瓣	炖肉料适量
胡萝卜 1 根	酱油 2 克	
咖喱块 25 克	盐 3 克	

— 做法 —

1　牛肉用凉水浸泡几小时，待吐净血水后洗净切块，凉水下入锅中，
　　小火慢慢煮开。（主要目的是将牛肉中的血沫慢火煮出来。）

2　焯煮完的牛肉块捞出，用温水洗净控干水分，锅内坐水，水热
　　倒入洗好的牛肉块，放入葱姜蒜，开大火，撇去剩余浮沫，转
　　小火炖 1 小时左右（可根据牛肉质地和个人喜好来调整时间，
　　基本至牛肉烂了为止，不用太纠结时间长短），当然也可以转
　　入电炖锅或者高压锅炖，时间基本减半。

3　将胡萝卜切滚刀块，洋葱切成瓣，香菇切成四瓣。

4　待牛肉基本熟时，可以将其分成两部分，一部分做成咖喱牛肉；
　　另一部分捞出，放入酱油、盐、白糖、料酒、炖肉料做成红烧牛肉，
　　这就是牛肉两吃了。

5　将切好的蔬菜放入炖好的牛肉中。

6　续煮 5 分钟左右，至胡萝卜块熟透即可。

7 牛肉和蔬菜都熟后，转小火放入准备好的咖喱块。具体用量上面都有说明，但是可以根据自己的口味调整，我放了四块。

8 用勺子搅拌到咖喱完全融化，小火收汁，手里的勺子别忘了跟着搅拌，否则容易煳锅，至浓稠时就可关火了。

咖喱牛肉盖浇饭 + 糙米饭 + 凉拌海带丝 + 豆腐丝拌青菜 + 银耳汤

随手用家里的青菜拌一个小菜，多吃点海带对孩子的成长也很有帮助，而银耳大枣汤清甜润肺，适合常喝。

小米提示 炖牛肉的时候别忘了焖锅米饭，连汁带肉和蔬菜一起浇到米饭上，孩子吃得高兴舒服，做法也很健康。而对家长来说，比起炒上好几个菜，这道菜做起来还是要轻松很多！

02／
下饭营养两不误的
油焖大虾

上班家长的辛苦是工作压力大，早出晚归，回家还要忙晚饭。很多时候家长下班就已经精疲力竭了，于是随便凑合两口，这样对孩子和大人都不好，所以准备些营养好吃又好打理的食材就比较关键。

— 原料 —

鲜虾 500 克	番茄酱 15 克
葱末 3 克	香葱末 2 克
姜末 2 克	盐 3 克
蒜末 3 克	白糖 2 克

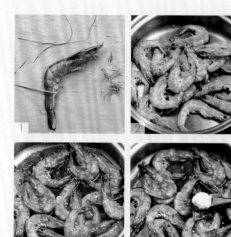

— 做法 —

1 鲜虾洗净，剪去须子、触角，挑去虾线。

2 锅内坐油，放入葱姜蒜末，煸出香味，放入大虾，煸炒至大虾变成红色。

3 倒入番茄酱，煸炒至每个虾都裹上番茄酱。

4 加入少许白糖、盐调味。

5 倒入香葱末出锅即可。

小·米
提示

菠菜炒鸡蛋做法：菠菜洗净切段，放入开水锅内烫一下，以去除菠菜里的草酸。锅内坐油，油热放入打散的鸡蛋，快速滑散，然后放入菠菜段，加入少许盐、生抽，翻炒出锅即可。

平菇拌菠菜做法：把平菇洗净掰成条，用开水焯熟，放入焯熟的菠菜段，加入少许盐、香油调味即可。

油焖大虾 + 菠菜炒鸡蛋 + 凉拌平菇 + 豆包 + 玉米等杂粮

油焖大虾配菠菜炒鸡蛋，再凉拌个平菇菠菜，超市买的豆包热的时候蒸上点山药、南瓜、玉米，营养又健康，关键是热量低，营养好，用时短，您不妨也试试。

03/ 一碗香得停不下来的
五花肉西红柿打卤面

　　小时候我就爱吃打卤面，里面煮了又炒的五花肉是我的最爱，每次吃打卤面都不下三碗。或许美食的口味也是能遗传的，我家宝贝也特别爱吃打卤面，我爱给她配上一些应季蔬菜的面码。不过我要提示一下，尽量不要让孩子晚餐吃得太多，否则不仅容易发胖，还会影响睡眠，对身体不好。

— 原料 —

五花肉 400 克	黄瓜 1 根	水淀粉 10 克
干黄花 5 克	面条 250 克	油 10 克
干木耳 5 克	花椒 3 克	香葱 3 克
口蘑 2 朵	大料 3 克	酱油 3 克
香菇 4 朵	葱段 10 克	盐 3 克
鸡蛋 2 个	姜片 5 克	
西红柿 1 个	香叶 1 片	

— 做法 —

1　五花肉洗净，凉水下锅，放入花椒、大料、葱段、姜片、香叶煮开，撇去浮沫，转小火将
　　五花肉煮约 40 分钟。

2　香菇切块，西红柿切块，干黄花、干木耳泡发洗净切段，口蘑切片，黄瓜切片。

3　煮好的五花肉晾凉切片。

4　面条我是提前买好的，拿出来晾开，以免一会儿煮会粘在一起。

5　锅内放入少许油，放入葱末、姜末〔分量外〕煸炒出香味，放入刚才切好的五花肉。

6　五花肉炒出香味，放入酱油、西红柿块、口蘑片、香菇块、黄花、木耳。

7　倒入一碗刚才煮五花肉的肉汤，加盐调味，转小火，放入黄瓜片，将鸡蛋打散，倒入锅中。

8　调好水淀粉，倒入锅中关火，打卤面的卤就做好了，上桌后撒一点香葱就行了。

小·米
提示　煮五花肉的时候，一定要将肉汤
里的浮沫随时清理干净，因为后
面打卤放入高汤的时候要用！

五花肉西红柿打卤面 + 蔬菜面码

香喷喷的打卤面再配一些应季蔬菜：新鲜的青豆、切得细细的心里美萝卜丝和黄瓜丝，与煮好的面条一拌，荤素搭配刚刚好。

04／ 奶酪多多的 鲜虾披萨

　　有时候宝贝也会要求烤个奶酪多多的披萨，看着她吃是一件超级满足的事。自己做披萨的好处就是可以随意添加喜欢的食材，可以结合家里现有的食材和宝贝喜欢的东西，为她量身定制一款披萨。

— 原料 —

高筋面粉 100 克　　　　北极虾虾仁 20 只

低筋面粉 50 克　　　　　圣女果 20 颗

干酵母 2 克　　　　　　披萨草 5 克

温水 80 克　　　　　　　意式披萨酱 30 克

马苏里拉奶酪 100 克　　橄榄油 1 克

— 做法 —

1 先来做饼底面团：高筋面粉、低筋面粉混合，放入干酵母。一边往面粉里倒入温水，一边用筷子搅拌，至面粉呈现雪花状。

2 把面粉揉和成光滑的面团，放在温暖处发酵至两倍大。

3 取直径为 20 厘米的披萨盘一个，盘底和盘壁刷上橄榄油。

4 把发酵好的面团擀成披萨盘大小的圆形。

5 放入披萨盘中，用手指把当中的面饼往四壁按一按，让面饼四周厚、当中稍薄。用叉子在面饼上戳一些小孔。

6 在饼底涂上意式披萨酱。

7 放上北极虾虾仁和切好的圣女果。

8 最上面铺上马苏里拉奶酪，入烤箱中层 200℃烤 15 分钟。

9 看到表面的马苏里拉奶酪融化并上色即可。

小·米
提示

马苏里拉奶酪不同于普通奶酪，这个只要做过烘焙的都应该知道，只有马苏里拉奶酪才能拉出长长的奶酪丝，因此不建议用其他奶酪来代替哦。这里我是做的厚底披萨，这个面团分量用直径 20 厘米的披萨盘做出来饼底偏厚，适合喜欢吃厚饼底的朋友。如果偏爱薄底披萨，面团用量要减少，一半的面团应该就够了。

鲜虾披萨 + 奶酪蔬菜沙拉 +
水果燕麦酸奶

口感鲜甜、奶酪多多的鲜虾披萨，搭配清
淡爽口的奶酪蔬菜沙拉，还有简单的水果
燕麦酸奶，孩子们很喜欢。

05/ 最香不过这一锅实在的 卤肉饭

很多小朋友都超级爱吃肉，这个卤肉饭可算是满足了宝贝们爱吃肉的愿望。肉烧得特别软烂入味，浇在米饭上，特别地香。不过一定不要光吃肉，再来一个清淡的蔬菜搭配着吃，相信孩子们一定会把盘子吃个底朝天的！

— 原料 —

五花肉 500 克	盐 3 克
洋葱 1 个	白糖 3 克
米饭 1 碗	料酒 5 克
大料 2 个	油 10 克
花椒 3 克	葱 3 克
酱油 20 克	姜 3 克
鸡蛋 1 个	

— 做法 —

1 葱姜切末，洋葱切小丁，五花肉切小丁（切得小点容易熟）。

2 锅内坐凉水，将五花肉丁下锅，煮开后捞出，用热水将肉表面的血沫冲洗干净待用。

3　锅内放少许油，油热倒入葱末、姜末、洋葱丁，煸炒出香味。

4　将五花肉丁倒入锅中煸炒出香味。

5　倒入热水，没过肉，加入大料、花椒、酱油、盐、白糖、料酒，开锅后转小火，大概20分钟肉就烂了。在炖肉的时候加上个煮鸡蛋，肉汤炖鸡蛋很香！

6　20分钟后可以开大火收汁，收汁的时候可以根据自己喜欢的汤汁多少来决定。喜欢多浇汁的话可以多留些汤。

7　这时候可以盛一碗米饭，将做好的卤肉连鸡蛋带肉带汁一起浇在米饭上，超级好吃！

小·米
提示

清炒油麦菜做法：油麦菜洗净切断，锅内放一点油，油麦菜下锅翻炒，放入少许盐，出锅即可。

卤肉饭 + 海带豆腐汤 + 清炒油麦菜

为了丰富营养和口感，我还做了个清炒油麦菜和一碗海带豆腐汤，有肉，有菜，有汤，尢吴！

06/ 清淡和美味可以兼得的
银耳炒鸡片

在我家，每周的晚餐都会有顿清淡点的，不过清淡并不代表不好吃。这道银耳炒鸡片中，鸡肉去皮，所以是很低脂的，银耳的排毒效果很好，黄瓜片清香。吃惯了重口味，偶尔来顿清淡的，吃起来很舒服。小花卷是自家蒸的，用椒盐做的，白嘴吃都很好吃。所以，这顿晚饭口感清淡又营养美味，孩子们也会很喜欢！

— 原料 —

鸡胸肉 300 克　　　　盐 3 克
泡发银耳 100 克　　　白糖 1 克
鲜姜 10 克　　　　　　油 3 克
黄瓜 1 根
香葱 1 根

— 做法 —

1　将洗净泡发的银耳掰成小朵。
2　鸡胸肉洗净控干水分，切大薄片。
3　鲜姜切末，香葱切末，黄瓜切片。
4　锅内放入一点油，油热放入葱末、姜末，煸香后放入鸡肉片。
5　煸炒至变色出香味。
6　放入黄瓜片、银耳，加盐、白糖调味出锅即可。

小米
提示　黄瓜和银耳在炒的时候不要时间过长，否则容易出水；鸡胸肉尽量选择有机的，更健康。

银耳炒鸡片 + 小·花卷 + 凉拌海带腐竹丝

配的是自家蒸的椒盐小花卷、凉拌海带腐竹丝，这一餐清清淡淡的，以白色为主，在一周的晚餐中吃一顿这样的低脂餐有排毒减脂的功效，对孩子们的健康成长也有很大帮助。现在的小胖子很多，晚餐还是要适当控制些的。

07 / 下饭快手的
黄金肉臊烧豆腐

很多小朋友都爱吃豆腐拌饭，豆腐入味又软糯，是特别好的蛋白质来源，我每次炒豆腐的时候都加上一些营养丰富的蔬菜粒，比如切成小丁的胡萝卜。不爱吃胡萝卜的小朋友很多，但是胡萝卜本身营养丰富，尤其是经过炒制后营养更容易被吸收，所以我每次都切成小丁和玉米粒放在豆腐里一起炒，不仅能丰富豆腐的口感，还能增加营养，孩子们也很喜欢！

— 原料 —

豆腐 300 克	姜 5 克
胡萝卜 50 克	盐 2 克
玉米粒 30 克	酱油 3 克
五花肉 30 克	油 3 克
葱 5 克	

— 做法 —

1. 豆腐切小丁，葱姜切末，五花肉切小丁，胡萝卜切小丁。
2. 锅内放油，油热放入葱姜末，煸炒出香味，放入肉丁，煸炒至变色。
3. 放入胡萝卜丁，煸炒 2 分钟至胡萝卜变软。
4. 倒入酱油，煸炒均匀。
5. 倒入豆腐，煸炒 2 分钟左右，让豆腐入味。
6. 加入玉米粒，煸炒 1 分钟左右。

7 放入盐，继续煸炒 1 分钟。

8 将所有食材都翻炒均匀，出锅即可。

小·米
提示

新买回的豆腐可以放盐水里泡一下，这样一是使豆腐容易清洗，二是在煸炒的过程中容易入味。还有一个小窍门，就是如果怕豆腐炒的时候容易散，可以将切好丁的豆腐放入开水里焯一下，这样炒的时候豆腐就不容易散了！

黄金肉臊烧豆腐 + 花生米拌芹菜胡萝卜 + 蒜蓉菜心 + 栗子、红薯、发糕等主食

配菜是煮好的花生米拌芹菜胡萝卜丁，蒸发糕的时候随手放了一块红薯和一些栗子，发糕也跟着带点甜香的味道。还有一道嫩嫩的菜心，锅内放一点油，放入蒜末炒香，再放入菜心煸炒，放一点盐调味出锅即可。简单又舒服的一餐就做好了！

08 好吃不长胖的

　　海鲜炒面主打的依然是清淡鲜美风，我一直不主张晚餐吃得太过油腻，清淡但一定要让孩子有胃口，且不失营养才行。鲜虾也可以换成文蛤或者鱿鱼，也很好吃。海鲜类的属于白肉，白肉肉质细腻，脂肪含量较低，脂肪中的不饱和脂肪酸含量较高，很适合长身体的孩子们吃。

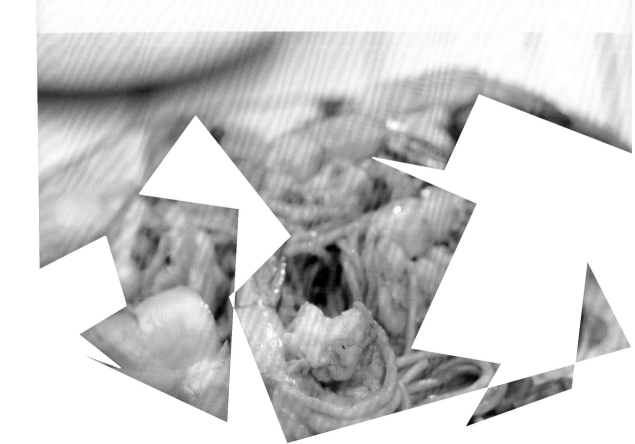

— 原料 —

鲜虾 6 只　　　　盐 3 克

面条 250 克　　　生抽 3 克

油菜 1 棵　　　　鲜味酱油 3 克

西蓝花 3 朵

胡萝卜 2 片

— 做法 —

1　西蓝花修成 3 朵；油菜一切为二；胡萝卜片修成蝴蝶形状；鲜虾去除虾线，去壳留尾。

2　锅内坐水，水开下面条，煮开 3 分钟捞出过凉水，控干水分备用。

3　锅内放油，下入鲜虾煸炒出香味，倒入生抽，放入处理好的西蓝花、油菜和胡萝卜，煸炒出香味，倒入鲜味酱油。

4　放入面条，翻炒均匀，放盐调味，出锅即可。

小米提示　在第一次煮面条的时候不要把面条煮得太熟，不然一会儿再炒的话很容易碎。最好买细一点的手擀面，比较筋道，且容易入味。

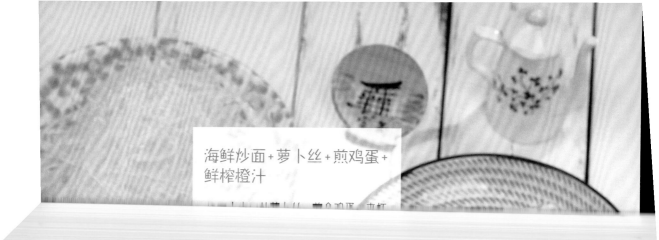

海鲜炒面+萝卜丝+煎鸡蛋+
鲜榨橙汁

09/ 块块带骨髓的
炖羊蝎子

　　羊蝎子是我经常在冬天的晚餐上做给孩子吃的一道菜。羊蝎子本身有"补钙之王"的称号，经过长时间地焖煮，更有利于促进钙的释放，而且更加入味。当然，吃羊蝎子也有讲究，一定要准备一个吸管，先吃肉，再吸骨髓。千万不要上来就吸骨髓，刚出锅的羊蝎子很烫，上来就吸骨髓容易被烫到。太小的孩子，家长可以用牙签将骨髓挑出来给孩子吃。

— 原料 —

羊蝎子 500 克	花椒 3 克
西蓝花 1 棵	大料 1 个

葱段 5 克	盐 5 克
姜片 5 克	孜然 1 克
冰糖 8 克	

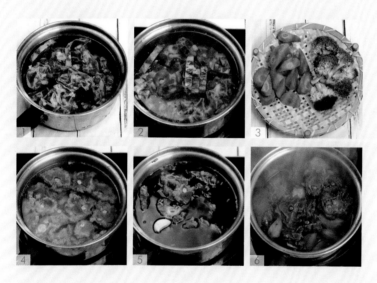

— 做法 —

1　羊蝎子用清水泡 6 个小时，中间用水清洗 2 次，以去除膻味，洗净控干水分备用。

2　凉水下锅，水开后转小火，撇去血沫，捞出羊蝎子。

3　胡萝卜切菱形块，西蓝花掰成小朵。

4　锅内坐水烧开，将焯好的羊蝎子倒入锅内，汤要没过羊蝎子。

5　水开后转小火，放入酱油、葱段、姜片、冰糖、花椒、大料、蒜、料酒、孜然，盖盖炖 40 分钟左右。

6　下入胡萝卜块，加盐，炖 8~10 分钟，大火收汁。

7　西蓝花用开水焯熟，捞出控水，摆
　　在羊蝎子周围即成。

小·米
提示

可以早上就把羊蝎子泡上，这样可以把羊蝎子里的血水泡干净，
炖羊蝎子时就比较干净。买羊蝎子时，选择瘦肉色泽红润，脂肪
为白色或奶油色，表面湿润有弹性的。羊蝎子肉色暗淡，脂肪缺
乏光泽，用手压后凹陷复原慢，且不能完全恢复到原状，则表明
羊蝎子肉已经不新鲜，不建议选择。而且羊蝎子适合现买现做，
不适宜存放时间过久。

炖羊蝎子 + 青椒土豆片 + 紫米馒头

小孩大都喜欢吃骨髓，又香又软又入味，
做一大锅带着骨髓的羊蝎子，第一天吃肉，
第二天用汤下点白菜、蘑菇、鸡蛋、面条，
香喷喷的热汤面又好吃又舒服。吃羊蝎子
的时候可以炒个青椒土豆片，配紫米馒头，
绝对是让人满足的一顿饭！

10 / 营养和颜色一样丰富的

五彩鸭丁

这道五彩鸭丁很下饭，而且还有一个更大的优点——营养丰富。这道菜中用到了四种不同颜色的蔬菜，中医认为，不同颜色的食物分别对不同的脏腑器官有所补益，因此这道颜色漂亮的五彩鸭丁是一道非常补益的下饭菜。

— 原料 —

鸭腿 250 克	料酒 3 克
红彩椒 20 克	盐 2 克
黄彩椒 30 克	白糖 2 克
洋葱 20 克	油 3 克
黄瓜 30 克	生抽 2 克
淀粉 6 克	蚝油 2 克
水 10 克	

— 做法 —

1 鸭腿去骨带皮切小丁，黄瓜切小丁，洋葱切小丁，红、黄彩椒切小丁。

2 将鸭丁放入大碗中，加水、淀粉、料酒、盐腌渍 15 分钟。期间可以不停地抓匀，让鸭丁更入味。黄瓜丁中放入少许盐腌渍一下。

3 锅内放入少许油，下入腌渍好的鸭丁，小火煸炒出香味，至鸭丁表皮变成金黄色，放入黄瓜丁煸炒一下盛出。

4 锅内放入少许油，油热放入红黄彩椒、洋葱丁煸炒出香味。

5 放入炒好的鸭丁、黄瓜丁，调入生抽、蚝油，加少许白糖，翻炒均匀出锅即可。

小米
提示　这一餐基本集齐了蔬菜的几种常见颜色，能让孩子在一顿饭里吸收更多健康的营养成分。鸭丁低脂且不容易上火，非常不错。除了鸭丁，用其他肉丁做这道菜效果也很好，搭配的蔬菜也可以加以变化！

五彩鸭丁 + 青笋木耳 + 芝麻

木耳和青笋焯水，放一点盐香油、主抽
调味，爽口小菜就做好了。配上清淡适
的冬瓜虾皮汤和满口留香的芝麻烧饼，
人大饱口福。

11 / 板栗焖鸡翅

骨酥肉烂好吃到爆的

小朋友几乎都爱鸡翅，炸过的鸡翅虽然好吃，但真心不推荐给小朋友吃这类油炸食品。对此，家长可以改用炖，将鸡翅炖入味，连骨头也酥烂，再放上又甜又面的栗子，也是小朋友们非常喜欢的一种鸡翅做法。

— 原料 —

鸡翅 10 只	大料 3 个
栗子 200 克	盐 3 克
香葱 5 克	白糖 2 克
姜 3 克	料酒 3 克
香叶 3 片	老抽 2 克
花椒 2 克	

— 做法 —

1 锅内坐水，水开后倒入栗子，煮开后转小火煮 10 分钟，捞出控干水分备用。

2 换一锅水，凉水将鸡翅下入锅中，水烧开后将鸡翅捞出，控干水分。

3 锅内添 2 碗水，水开后放入料酒、老抽煮开。

4 倒入焯好的鸡翅。

5 放入花椒、大料、香叶及切好的葱段、姜片，烧开后转小火，加入盐炖 20 分钟。

6 倒入板栗炒匀，让每个板栗都裹上汤汁，盖盖儿焖 5 分钟左右。

小·米 提示

这道菜虽没有用油先炒鸡翅再炖，但是依然炖得骨酥肉烂，相当好吃。本着晚餐少油的原则，这道菜的重点是一定要将鸡翅和栗子炖得烂而入味，就很好吃了！这道菜也可以用砂锅炖，上桌的时候直接用砂锅端上桌，砂锅盛菜凉得慢，冬天尤其适用。

板栗焖鸡翅 + 素炒三丁 + 杂粮米饭

黄瓜、土豆、胡萝卜切成小丁，锅内坐油，先炒土豆丁和胡萝卜丁，加一点酱油和盐调味。黄瓜丁中放一点盐，先腌一下，待土豆丁和黄瓜丁都变软后，加入黄瓜丁。炒两分钟左右出锅，配上杂粮米饭，超美味！

12 / 扁豆焖面

连菜带肉带主食，一锅全搞定的

一人一盘就搞定，不用再单独搛菜之类的，吃着特别香！特别推荐家长在家自己做这款扁豆焖面，记住扁豆一定要焖熟，生扁豆很容易中毒。

— 原料 —

扁豆 200 克	酱油 5 克
面条 200 克	大料 2 瓣
五花肉 200 克	盐 3 克
葱段 5 克	油 6 克
蒜 2 瓣	

— 做法 —

1 扁豆去筋，洗净掰成段。

2 蒜剁成蒜末，葱切葱末，蒜拍碎。

3 五花肉切大片。

4　蒸屉刷上油，面条抖开上锅大火蒸6分钟，蒸好的面条抖开，
　　放两勺油拌匀晾凉。

5　锅内放油煸香葱姜末、大料，放入肉片炒至变色。

6　放入扁豆段，加入少量的盐（因为最后拌上面条还要加少许盐，
　　所以这块只是扁豆上撒盐），烹入酱油继续煸炒，放入清水，
　　清水最好刚刚没过扁豆。

7　改小火焖5分钟，至扁豆将熟。

8　开盖放入面条。

9　放入面条，炒匀，盖盖小火焖两分钟，放入盐调味。出锅前放
　　入拍好的蒜，最后用筷子将面条、扁豆和蒜搅拌均匀，出锅即可。

小·米
提示　出锅前放蒜的步骤不要省略，蒜有
解毒的功效，吃扁豆一定要放点蒜。
而蒜出锅前加入，在锅内已经快熟
了，没有了辣味，小朋友吃的时候
也不会被辣到。

13 / 炸藕盒

色泽金黄、鲜美酥脆的

记得小时候，每到藕上市的季节，我妈都会在厨房炸上一大盘子藕盒。我小时候家里特别把做饭当回事，虽然物质资源有限，但是做起那些好吃的却一点不含糊，各个季节做当季的美食，小孩们也是东家吃完西家吃，一栋楼上的人都跟亲人似的。筒子楼里大家都在楼道里做饭，谁家做好吃的大伙儿都尝尝。那会儿的饭香，人情暖，有时候真怀念那会儿的日子！现在的小朋友爱吃薯片、炸鸡翅，给宝贝尝试了下我小时候的最爱，她也很喜欢。

— 原料 —

莲藕 1 节	姜末 2 克
肥瘦肉馅 300 克	香油 5 克
鸡蛋 2 个	生抽 3 克

— 做法 —

1. 肉馅中放入葱末、姜末、香油、生抽、盐、料酒调味。

2. 将肉馅顺着一个方向搅拌，直至肉馅变得黏稠上劲儿。

3. 莲藕切厚片，千万别切得太薄，因为一会儿每片要从中间片开。但也不要切太厚，以免不容易炸熟。

4. 将一片莲藕片开，但不要全部片开，底部要连接，要不没法夹肉馅儿了。

5. 将鸡蛋打入碗中，加入少许面粉调成面糊。

6. 将肉馅儿夹入藕盒中（如图）。

小米
提示

藕盒吃不完的话，可以放入保鲜盒，再加热的时候，用烤箱180℃上下火烤七八分钟，烤好的藕盒更好吃，里面的油都烤出来了，更酥香。

7 面粉鸡蛋糊调均匀，不要有面疙瘩。

8 将藕盒在鸡蛋面糊里蘸好，裹上面糊。

9 锅内放油，油热后将藕盒放入锅中，
　炸至藕盒两面金黄即可。

炸藕盒 + 虾皮菠菜汤 + 卤蛋

用虾皮菠菜做的汤特别清爽，做肉的时
候一起卤的鸡蛋很香，随时可以给小朋
友拿上两个吃。

14 / 吃不够的家常味儿
猪肉白菜馅饼

用大饼铛，还不是电的，火候都是自己掌握。所以老话说"头锅饺子，末锅饼"，说的就是饺子第一锅煮出来的最香，饼是到了最后一锅火候是最好的，烙得也是最成功的。现在可不一样了，家家的锅具多，也好用，随时都可以烙出好吃的饼！

— 原料 —

馅料	老抽 3 克
肥瘦肉馅 300 克	鸡蛋 1 个
白菜 300 克	料酒 3 克
葱 5 克	香油 3 克
姜 3 克	饼皮
花椒 1 克	面粉 350 克
盐 3 克	温水 175 克
生抽 5 克	

— 做法 —

1 先和面，面粉和水的比例为 2：1，要用温水和面粉，将温水一点点倒入面里，用筷
   子搅拌，直至成为小面疙瘩。然后将面揉成团，盖上潮湿干净的毛巾，让面团充分饧发，
   40 分钟左右即可。

2 葱、姜切末，白菜切末（如图 2-1，2-2）。

3 花椒加入热水，放入微波炉高火转 1 分钟，再泡 5 分钟。

4 肉馅中放入葱末、姜末、盐、生抽、老抽、鸡蛋、料酒、香油，一点点搅拌均匀。

5 将白菜倒入肉馅儿中，不用攥水，这样包出的馅饼馅儿特别嫩。

6 准备好馅儿，将面再次揉匀（这时你会发现面团已经很滋润了）。将面团揉成长条，
   揪成包子大小的面剂子。

7 将其擀成大薄片。

8 放入刚刚拌好的馅料。

9 用右手拇指固定，左手转面皮，直至包成大包子（如图9-1，9-2）。

10 锅烧热，放入少许油，将刚才包好的包子压扁，成馅饼，烙至两面金黄即可。

小·米提示 白菜馅饼吃多少做多少，不要剩下，尤其不要隔夜。生的大白菜含有无毒的硝酸盐，做熟后放置会产生亚硝酸盐，放置时间越长，亚硝酸盐的含量越高。亚硝酸盐进入人体后会转化成亚硝胺，而亚硝胺是一种致癌物质。

猪肉白菜馅饼+小·葱拌豆腐+糖拌西红柿+玉米楂粥

皮薄馅多、美味无比的猪肉白菜馅饼，配上个糖拌西红柿、小葱拌豆腐，再熬一锅玉米楂粥，齐了！

15 / 清蒸鱼

清淡中出鲜味

　　小时候我妈总说："咸中有味，淡中鲜。"吃鱼北方特别爱红烧，吃完鱼，鱼汤能泡饼、泡饭。长大后去广州呆过一段时间，特别爱吃南方的清蒸鱼，鱼鲜肉嫩，营养也保留得原汁原味。采用蒸的做法，基本保持了鱼肉中的营养成分不流失，关键是鱼本身的鲜味也更为突出，而鱼肉中的优质营养也格外适合小朋友。

— 原料 —

罗非鱼 1 条　　　生抽 5 克
红彩椒 1 个　　　鲜味酱油 5 克
葱 5 克　　　　　蒸鱼豉油 20 克
姜 5 克　　　　　油 15 克
香菜 2 克

— 做法 —

1　罗非鱼表面去鳞，头尾各切一刀（如图）。在鱼尾处割一刀，割得深些，在鱼鳃盖往后 1 厘米左右处割一刀，稍浅，大约 1 毫米深。

2　找到鱼肉里的一根白色的腥线，用手指捏住往外拽，边用刀从鱼尾往上拍，以抽出腥线。鱼的另一侧也这样拉出腥线。

3　鱼表面划出花刀（如图）。

4　葱切段，葱白切丝，姜切丝，香菜只留香菜叶，香菜根一会儿煮汁用，红彩椒切丝（另切 2 片备用）。

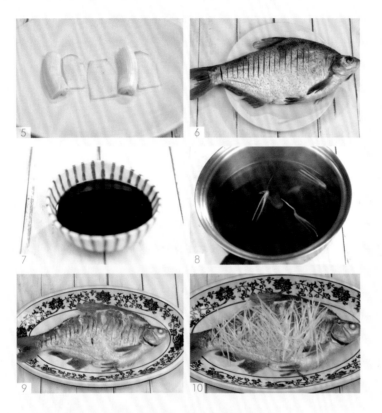

5　另取葱白一切为二，姜切片，放在蒸鱼的盘子上。

6　洗净并擦干鱼身，将鱼码在铺好葱姜片的盘子上。

7　生抽、鲜味酱油、蒸鱼豉油调好汁（生抽5克，鲜味酱油5克，
蒸鱼豉油20克）。

8　将洗净的香菜根和2片辣椒炒出香味，加入60克水，倒入调好
的料汁。

9　收拾好的鱼足火旺气蒸5~8分钟，把鱼汤倒掉。

10　葱姜丝码放在鱼身上。

小·米
提示

蒸鱼一是要火候拿捏恰当，蒸的时间过长鱼就老了；二是一定要把鱼的腥线去掉，这样蒸出的鱼才不腥。用香菜根煮水是很传统的蒸鱼去腥增甜的方法，香菜根的香气有穿透性，煮出来很甜，味道很好。

11 烧一点油，油热后均匀地倒在鱼身上。

12 再将刚才熬好的香菜根汁浇在鱼身上。

13 撒上香菜末、红彩椒圈即成。

清蒸鱼 + 发面饼 + 芝麻菠菜

把菠菜焯水，捞出过凉，撒上盐和芝麻，拌个小菜。再配个发面的大饼，就着鱼吃很鲜嫩。

16 / 白灵菇牛柳

下饭又长劲儿的

　　一直认为蘑菇和牛肉是绝配，炒出来的牛肉香，蘑菇鲜，各有各的好，小朋友也很喜欢这样的组合。但是牛肉一定要保持鲜嫩，千万不要炒老了，小朋友的咀嚼能力还在完善中，消化能力也和成年人有区别，所以尽量选择比较嫩的牛柳，先腌再炒，一顿吃完，这样能保持比较鲜嫩的口感。

— 原料 —

白灵菇 4 朵　　　水淀粉 20 克（淀粉
牛柳 300 克　　　4 克）
红彩椒 1 个　　　葱末 2 克
木耳 3 朵　　　　姜末 2 克
酱油 10 克　　　蒜 2 瓣
盐 3 克　　　　　蚝油 3 克
料酒 5 克　　　　油 3 克
鸡蛋清 1 个

— 做法 —

1　木耳洗净泡发掰成小朵，白灵菇切片，红彩椒切块，蒜切片。

2　牛柳切大薄片。

3　牛柳片加入酱油、盐、料酒、鸡蛋清、水淀粉拌匀后腌制 1 小时，
　　然后加入凉油拌匀，以免下锅粘连。

4　锅内坐水，水开后倒入白灵菇片和处理好的木耳，水开后将木
　　耳和白灵菇片捞出。

5　取锅放入适量油，烧至七成热，放入牛柳片，不要着急翻炒，
　　稍微等一会儿再快速划散，变色马上盛出。

6 锅下少许底油，放入葱姜蒜煸香（可多放蒜片煸香），倒入白
　灵菇片和木耳，放蚝油炒香。

7 放入爆炒过的牛柳片，略翻炒。

8 放入酱油调色勾芡出锅。

小·米
提示

牛柳一定要快炒，以免变老影响
口感。蘑菇炒前要过水焯下才能
去掉生腥味，突出鲜味。白灵菇
也可以换成草菇或者鲜香菇。

白灵菇牛柳 + 拌圆白菜 + 紫
米馒头

圆白菜焯水控干，放入香油、盐、白醋、
白糖拌匀，与白灵菇牛柳荤素搭配，再配
上紫米馒头，绝对是完美晚餐啊！

17 / 比肉还好吃的
红烧杏鲍菇

　　杏鲍菇个头大，肉厚，口感特别好。红烧后滋味很足，特别下饭，虽没有用肉，但是口感一点儿也不差。咱中国人有句老话"早饭要吃好，午饭要吃饱，晚饭要吃少"，因为晚饭离入睡的时间较短，所以尽量吃些清淡不油腻的食物，减轻肠胃负担，这样也会有个好睡眠。蘑菇本身还有很好的排毒功效，实在是很适合当晚餐食用。

— 原料 —

杏鲍菇 2 个	姜末 3 克
香菇 1 个	盐 3 克
香葱 10 克	蚝油 3 克
红彩椒 1 个	白糖 2 克
葱末 3 克	

— 做法 —

1　杏鲍菇切条，香菇切条，红彩椒切丝，香葱切末。

2　锅内坐水，水开后放入杏鲍菇焯一下，大概 2 分钟后捞出控干水分。

3　锅内放油，下入葱姜末，略炒倒入杏鲍菇条煸炒。

4　加入香菇条略炒，加入盐、蚝油、白糖翻炒，倒入红彩椒丝，翻炒 1 分钟左右，出锅前撒点香葱末即可。

小·米
提示

再炒个虾皮菠菜，简单又好吃。锅内放入少量橄榄油，放入虾皮略炒出香味，放入菠菜，略炒出锅。虾皮里本身就有咸味，所以就不用加盐了。

红烧杏鲍菇 + 杂粮米饭 + 虾皮菠菜

焖米饭的时候可加入青豆、胡萝卜丁、玉米粒，不仅颜色漂亮，而且营养丰富。尤其是很多小朋友不爱吃胡萝卜，加入到米饭里，还能让米饭更为香甜，孩子不但不排斥，还特别爱吃。

5

周末.
大餐

周末总是令人期盼的，
这是一段值得珍惜的亲子时光。
每到周末可以安排些小节目，
比如一家人看一场适合的电影，或者出游，
在孩子的童年时光里我们尽量多些高质量的陪伴。
当然，我们也会一家人做顿美食，
大家分工合作，
在丰盛的周末大餐里分享孩子成长中的小确幸。

01 / 鹌鹑蛋红烧肉

每次都吃到盘光碗净的

我小的时候特别期待家里能炖肉吃，那会儿住的都是筒子楼，谁家炖肉整个楼道都弥漫着肉香。我们小孩都特别馋，不过那会虽然大家不富裕，但是邻里关系特别好，谁家炖肉了，我们这帮小孩就到谁家吃去。但是那会儿孩子有眼力见儿，去别人家吃也就小心翼翼地吃一两块，可不敢撒欢地吃。现在的孩子在吃上比我们丰富，可是没有我们朋友多，都是独生子女，吃饭反而没有很多小孩一起吃来得香！所以，我也赞成小朋友们时不时搞个小聚会，自己动手布置啊，做小甜品啊，既增进了友谊，又增强了动手能力。

— 原料 —

五花肉 750 克	大料 3 个	酱油 10 克
鹌鹑蛋 13 个	蒜 3 瓣	料酒 5 克
葱 10 克	香叶 2 片	盐 3 克
姜 6 克	小红尖椒 1 克（调味	白糖 3 克
花椒 1 克	用，可不添加）	香葱 5 克

— 做法 —

1　五花肉切大块，葱切段，姜切块。

2　肉块洗净，凉水下锅，焯出血沫捞出，
　用热水洗净待用。

3　锅烧热，放入肉块，小火慢慢将肉煸
　炒出香味，至边上出焦色。

4　下入葱段、姜块、蒜、花椒、大料、
　香叶、小红尖椒，继续煸炒出香味。

5　加入没过肉块的热水，开大火烧开后
　倒入酱油、料酒、盐、白糖，转小火
　慢慢炖 40~50 分钟。

6　这时，可以将鹌鹑蛋煮熟去皮。

7　待肉块炖到八成熟的时候将鹌鹑蛋
　下入锅中。

8　小火慢慢收汁，出锅撒一点香葱。

**小·米
提示**　炖肉是带皮炖，所以务必在炖肉之前将五花肉皮上用刀刮一下，刮的时候会发现肉皮里藏了很多污垢，清理干净后再炖。如果家里没有鹌鹑蛋可以换成鸡蛋，煮好的鸡蛋用刀划上花刀，这样更容易入味。我家小妞比较喜欢吃带一点儿辣味的，所以放了一点儿红尖椒，由于炖的时间比较长，只有轻微的辣味。如果小朋友不爱吃辣味的，不加就可以了。

鹌鹑蛋红烧肉 + 芝麻酱油麦菜 + 红枣玉米发糕 + 桂花绿豆薏米汤

锅内放一点油，油热下入蒜末煸香，放入切好段的油麦菜，加一点盐，煸炒至油麦菜变软出锅，这样做出的油麦菜清香解腻。配上玉米发糕、桂花绿豆薏米汤，味道刚刚好。

02／红烧黄花鱼

够火候超入味的

黄花鱼比较适合小朋友吃，刺少肉嫩，营养丰富。很多时候我们在外面吃的鱼总有腥味，因此我比较推荐在家吃鱼。鱼要炖得入味，再加上自己收拾会比较干净，配上刚刚烙出来的发面饼特别香。

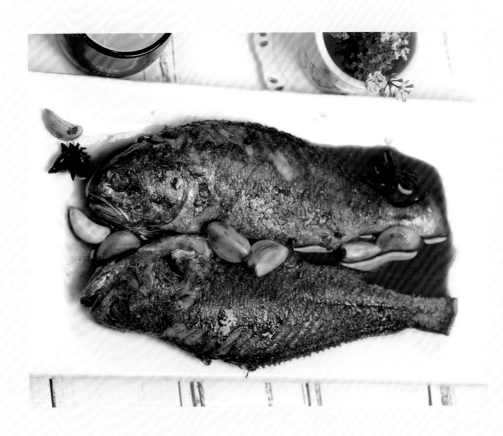

— 原料 —

黄花鱼 2 条	姜片 5 克
盐 3 克	蒜 5 瓣
白糖 2 克	葱段 5 克
绍酒 3 克	香葱 3 克
酱油 3 克	花椒 2 克
醋 4 克	大料 2 个
胡椒粉 2 克	小茴香 1 克

— 做法 —

1 黄花鱼洗净控干水分，准备好收拾鱼的
   工具——剪刀和刀。
2 用刀从鱼的尾部向上将鱼两面的鱼鳞
   刮干净。
3 将鱼肚子上的鱼鳞也刮干净。
4 剪去鳃部的鱼鳍。
5 剪去鱼肚子上的鱼鳍。

6　剪去鱼下腹部的鱼鳍。

7　剪去鱼尾部的鱼鳍。

8　用剪刀剪开鱼腹。

9　打开鱼腹。

10　将里面的内脏取出，清洗干净。

11　将鱼鳃取出。

12　将收拾好的鱼清洗干净。

13　用厨房用纸将鱼表面的水吸干净。

14　放入小筐晾着。

15　锅烧热放油，油必须烧至六成热以上，

至微微冒烟，放入鱼。煎至晃动锅鱼可以在锅内活动时翻面，直至两面炸金黄色捞出待用。

16　换另一口锅，锅内放入少许油，煸香葱段、姜片、蒜瓣、花椒、大料、小茴香，煸炒出香味，再放入刚才炸好的鱼。

17　烹入醋，随后烹入绍酒、酱油，也可以调在碗里一起放。加入开水，大火烧开后撇浮沫，加入盐、白糖、胡椒粉调味，烧开后转中火慢炖20分钟左右出锅即可。

小·米 提示　自己收拾鱼比较麻烦，现在卖鱼的摊点都会帮忙收拾好，不过回家还是要再检查清洗一下，如果鱼鳃没有去除干净也会影响鱼的口感。另外，炖鱼的时候可以加点豆腐，也很适合小朋友吃。

红烧黄花鱼 + 丝瓜炒鸡蛋 +
香菇油菜 + 玉米发面饼

加了两个素菜，丝瓜炒鸡蛋和香菇油菜，
配上刚出锅的发面饼，美味、营养都有了。

03 / 粉蒸牛肉

蒸出来的牛肉营养不流失

　　给小朋友做饭，蒸其实是一个很好的料理方法，能最大限度地保存食物中的营养成分。蒸出来的牛肉香嫩入味，尤其好吃。我国素有"无菜不蒸"的说法，蒸就是以蒸气加热，使调好味的原料成熟或酥烂入味。这样的烹调方法使原汁损失较少，又不使其串味和散乱，很适合小朋友们吃。

— 原料 —

牛肉 500 克	葱 6 克	生抽 3 克
蒸肉米粉 50 克	姜 10 克	花椒面 2 克
南瓜 200 克	盐 3 克	香油 3 克
香菜 10 克	白糖 3 克	豆瓣酱 5 克
蒜 3 瓣	绍酒 5 克	胡椒粉 1 克

— 做法 —

1　牛肉切大片，葱、姜、蒜切末，香菜
　　洗净切段，蒸肉米粉备好。

2　牛肉片中放入盐、白糖、绍酒、生抽、
　　花椒面、香油、胡椒粉、豆瓣酱、姜末、
　　葱末，拌匀腌渍15分钟。

3　放入少许清水，将肉打散，再放入蒸肉
　　米粉拌匀，使每一片牛肉上蘸满米粉。

4　南瓜切长片，放入蒸屉中；牛肉片腌好。

5　南瓜片放入蒸屉中，再放上腌好的牛
　　肉片，进蒸锅足火旺气蒸25分钟。这
　　样南瓜吸足了牛肉的香气，又甜又糯。

6　撒蒜末、香菜即可。

小米
提示

做粉蒸牛肉要用牛里脊肉，做出
来的口感比较嫩。如果赶上新荷
叶下来的时候，蒸牛肉的底下可
放荷叶，这样蒸出来的牛肉带着
淡淡的清爽香气也很好。

粉蒸牛肉 + 红烧小蘑菇 + 蜜渍圣女果 + 椒盐烧饼

配的小菜是红烧小蘑菇，早市上经常有 10 元一盘的新鲜小蘑菇，买一盘，洗净择好。锅内放油，放入蒜片煸炒出香味，放入小蘑菇，放一点蚝油、白糖、盐，加一点水焖一会儿，出锅的小蘑菇特别鲜香。小西红柿用开水把皮烫去，放入蜂蜜水中浸泡一夜，早上吃，酸甜可口。主食配上椒盐烧饼，让人超级满足！

04/
荤素搭配好消化的
小·白菜香菇包

一直觉得小白菜特别适合做馅儿，再放一点香菇提鲜，包包子饺子、烙馅饼都特别好吃。但是，务必要把小白菜提前焯水，这样做馅儿的时候小白菜变得特别柔软，既保留了小白菜的清香，又去掉了涩味，营养也更易于吸收。

— 原料 —

自发粉 300 克	香油 3 克
温水 150 克	盐 2 克
白糖 3 克	酱油 3 克
猪肉馅 200 克	料酒 2 克
香菇 20 克	花椒水 10 克（3 克花
小白菜 100 克	椒加 7 克水，用微波
葱末 3 克	炉打 2 分钟即成）

— 做法 —

1 自发粉和温水（25~30℃）按照 2：1 的比例混合，加入白糖，继续揉和均匀。和好的
   面团上加块湿布，静置 30 分钟以上。
2 猪肉馅中放入葱末、香油、酱油、盐、料酒、花椒水。
3 顺着一个方向将肉馅搅拌均匀。
4 锅中注水烧开，放入洗好的小白菜、香菇，焯水捞出控干。
5 小白菜切末，香菇切末，用手将小白菜末和香菇末的水分攥出。
6 放入调好的猪肉馅内。
7 搅拌均匀。
8 刚才和好的面再揉滋润，揪成大小均匀的面剂子。
9 擀成中间厚边上薄的包子皮。
10 将馅儿放在包子皮上，一只手托着，一只手转圈包褶。
11 最后捏紧。

12 包好的包子再饧15分钟左右。

13 将蒸屉上擦油,把包子码放在蒸屉上,放入蒸锅。

14 足火旺气蒸20分钟出锅即可。

小·米提示

和好的发面夏天自然放置 30 分钟即可,但如果气温低于 20℃,最好把面盆放置到 40℃以上的温水中,这样有利于面团更快地发酵,蒸出来的包子、馒头会更加松软。擀包子皮的时候尽量要中间厚四周薄,这样包子好放大馅。

小·白菜香菇包 + 味噌煮蛋 + 现磨核桃豆浆

一早上用味噌煮的鸡蛋,泡到晚上特别入味,现磨一杯核桃豆浆,配上这刚出笼的小白菜香菇包,很舒服的一餐。

05 /
在家也能做出外焦里嫩的
奥尔良烤鸡翅

　　做这款烤鸡翅的时候，屋子里会弥漫着鸡翅的焦香味道，宝贝常被馋得口水都忍不住流出来。必须提醒大家，鸡翅虽然好吃，但鸡皮中富含胆固醇，且有很多淋巴组织，所以最好自己在家做，也要尽可能少吃。此外，尽量买有机的鸡翅，除了口感好之外，还更健康。

— 原料 —

鸡翅 250 克
奥尔良烤肉料 18 克
蜂蜜 10 克

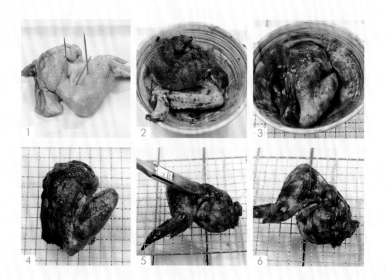

— 做法 —

1　鸡翅洗净，用牙签将表皮扎上小洞。

2　奥尔良烤肉料以 1 ：1 的比例加水调好，拌匀后将其均匀涂抹
　 在鸡翅上，放入冷藏室静置。

3　每隔半小时取出，再次涂抹腌肉料，共腌制 4 小时。

4　将烤箱上下火 220℃ 预热 8 分钟，把鸡翅放入。

5　烤约 10 分钟，把鸡翅取出来刷一层蜂蜜。

6　再次放入烤箱，烤约 10 分钟至熟即可。

小·米
提示　刚刚烤好的鸡翅有点烫，我经常是
　　　把鸡翅晾到合适温度，再把肉剔下
　　　来直接卷到饼里吃，也十分美味。

奥尔良烤鸡翅 + 水果捞 + 鸡蛋烙饼

这次配的是鸡蛋烙饼，烙饼的时候在表面再摊上一层鸡蛋，烙饼会又软又香。再拌个酸奶水果沙拉，酸甜适口。

06 / 清淡好滋味的
鲜虾豆腐丸子

　　豆腐丸子汤鲜，丸子嫩，细腻清淡的豆腐中加了鲜虾和猪肉馅，增加了鲜味，又适当地降低了猪肉的腻，让丸子的口感更柔和，很适合小朋友吃。其实，在做的时候可以根据需求来调整三种食材的用量，如果想让宝贝少吃点肉，就可以少放点猪肉馅，蒸好的丸子会比较柔软，也容易消化。

— 原料 —

鲜虾 200 克	香菜 10 克	姜末 3 克
猪肉馅 300 克	鸡汤 400 克	香油 3 克
豆腐 200 克	盐 3 克	生抽 5 克
鸡蛋 1 个	葱末 5 克	淀粉 3 克

— 做法 —

1　鲜虾洗净去皮，挑去虾线，剁成虾蓉。

2　锅内坐水，水开后将豆腐焯一下捞出。

3　豆腐放入碗中碾碎。

4　加入猪肉馅、虾蓉、葱末、姜末、盐、香油、生抽、淀粉。

5　打入鸡蛋，顺着一个方向将馅料搅拌上劲儿。

6　揉成2个大丸子。

7　锅内坐水，水温至40℃左右时将丸子放入，水开后续煮2分钟
　　至丸子定型，将丸子放入蒸盅里放入鸡汤，盖盖后放入蒸锅，
　　开锅蒸8分钟出锅撒香菜即可。

小·米
提示
做豆腐丸子要用北豆腐，不能用太
嫩的内酯豆腐。我这个丸子先氽水
再蒸，这样做出的口感比较嫩。也
可以先煎一下再蒸，味道也很好。

鲜虾豆腐丸子 + 清炒红椒
青笋片 + 拌苤蓝丝 + 白米饭

蒸丸子的时候，可以清炒个青笋红椒，
放一点蚝油味道鲜又爽口，再拌一个苤
蓝丝，就米饭吃再合适不过。

07 / 红烧排骨

炖到骨酥肉烂的

记得我小时候物质匮乏，吃排骨还不像现在这么方便，每次吃排骨都不敢痛快地吃，连一点汤都不敢糟蹋。排骨汤都用来泡饭、煮面，每次都吃得干干净净，最后还意犹未尽！

— 原料 —

排骨 500 克	香叶 2 片	盐 3 克
姜片 10 克	蒜 3 瓣	料酒 2 克
葱段 5 克	白糖 15 克	生抽 2 克
花椒 2 克	油 15 克	
大料 3 粒	酱豆腐汤 5 克	

— 做法 —

1　排骨凉水下锅，小火煮开。

2　将排骨捞出，用热水洗净，控干待用。

3　锅烧热放油，倒入白糖，中火用锅铲翻拌至炒化，颜色接近棕红色，有泡泡冒出时关火。

4　倒入排骨，开火煸炒至排骨表面挂上糖色。

5　倒入热水，加入切小段的葱、姜片、蒜瓣及花椒、大料、香叶。

6　盖盖，大火烧开，加入盐、料酒、生抽，倒入一点酱豆腐汤，转小火炖 1 小时左右，用筷子能轻轻扎透就可以了。

**小米
提示**
排骨分圆排和扁排两种，挑的时候尽量选择扁排，味道更香。排骨要选肥瘦较为均匀的，这样炖出来的排骨汤或者做出来的排骨才嫩。

用手摸排骨时，若感觉肉质紧密，表面微干或略显湿润且不黏手，按下后的凹印可迅速恢复者是好排骨。另外，如果不想炒糖色，在第 3 步中可直接往锅里放一点油，煸香葱段、姜片、蒜瓣，将排骨煸炒一下再炖也很好吃。

红烧排骨 + 清炒油菜 +西红柿黄瓜鸡蛋汤 + 白米饭

再做个清炒油菜、西红柿黄瓜鸡蛋汤，配上软烂入味的红烧排骨，孩子会吃得很香！

08 / 滋补又解馋的
花生炖猪手

花生炖猪手是很滋补的一道菜，适合冬天吃。热乎乎滑腻腻的猪手，软糯且吸足了汤汁的花生，就是我所怀念的妈妈的味道。我小时候妈妈总是喜欢炖东西给我们吃，所以我特别迷恋炖东西时砂锅噗噗的声音，还有香味填满整个房间的那种温暖气息。

— 原料 —

猪蹄 600 克	花椒 3 克	甜面酱 5 克
花生 50 克	大料 2 粒	料酒 3 克
姜片 3 克	油 10 克	盐 3 克
蒜 4 瓣	生抽 5 克	
香叶 4 片	老抽 5 克	

— 做法 —

1　剁好的猪蹄凉水下锅煮开，将猪蹄捞出用热水洗净表面的浮沫，将花生提前用清水泡上。

2　锅内放油，煸香大蒜、姜片，放入猪蹄煸炒出香味，撒花椒、大料、香叶翻炒。

3　加入热水、生抽、老抽、甜面酱、料酒大火煮开，加入盐，盖盖儿炖 40 分钟。

4　放入泡好的花生，盖盖儿小火炖。

5　炖 20 分钟左右，用筷子扎一下猪蹄，能轻松插入且花生也已经炖糯时即可。

小·米
提示　猪皮表面的毛一定要去除干净，先将猪蹄洗净控干水分，用铁夹子夹住猪蹄放在明火上燎一下，再用刀将猪蹄表面刮干净，泡入清水中，遗漏的毛用镊子拔去即可。另外，花生也可以换成黄豆，炖出来也很好吃。放凉的猪蹄会回硬，也就是变硬了，这时只要将其放入锅中再加热一下，猪蹄就又会变得软糯滑腻了。

花生炖猪手 + 蒜茸拌黄瓜 + 发面饼

黄瓜洗净拍成块，加入盐、香油、醋、蒜拌匀，爽口解腻的凉菜就做好了。配上提前备好的发面饼，赶紧一起大快朵颐吧！

09 / 小·鸡炖榛蘑

鲜香浓郁、营养下饭的

　　小鸡炖榛蘑是很鲜美的一道菜，小朋友也很爱吃。一直觉得榛蘑和鸡肉是绝配，我喜欢炖好后多留些汤汁，拌饭吃或者把馒头掰进去吃，连里面的蒜瓣也炖得烂烂的，非常美味。

— 原料 —

鸡肉 500 克	葱段 10 克	老抽 5 克
榛蘑 50 克	姜片 10 克	料酒 3 克
花椒 3 克	热水 1000 克	盐 3 克
大料 3 克	生抽 5 克	白糖 3 克

— 做法 —

1 鸡肉洗净，剁成块，姜切大片。

2 鸡块凉水下锅，煮开。

3 捞出鸡块，用热水洗净，冲去浮沫。

4 锅内放油煸香葱段、姜片，放入鸡块煸炒出香味，倒入约 1000 克热水。

5 水开倒入生抽、老抽、料酒，小火炖 20 分钟，再倒入泡好的榛蘑，加盐、白糖炖 15 分钟收汁。

小米
提示

炖的时候要及时把表面的浮沫撇干净，这样炖出来的汤清，肉也干净。另外，干榛蘑本身要多次清洗，以避免里面含着沙子，吃着牙碜。

小·鸡炖榛蘑 + 西红柿炒鸡蛋 + 玉米发糕 + 花生豆浆

鲜香美味、营养下饭的小鸡炖榛蘑与玉米发糕是绝配。再炒一个简单的西红柿炒鸡蛋，配一杯花生豆浆，不仅下饭，营养也好。

10 / 烤羊腿

在家也能做出肥瘦相间、外酥里嫩的

我不是特别放心在外面吃烤羊肉串，总觉得还是在家自己做最放心。买的小嫩羊腿，用先炖再烤的方法，这样做出的羊腿肉外焦里嫩，用时也短。这种口感也很适合孩子吃，要是直接上火烤，容易把外面的肉烤得太干，而里面又没有完全熟透，孩子吃着也不放心。

— 原料 —

羊腿 1500 克

花椒 10 克

葱段 10 克

姜片 10 克

孜然 15 克

盐 3 克

生抽 3 克

料酒 3 克

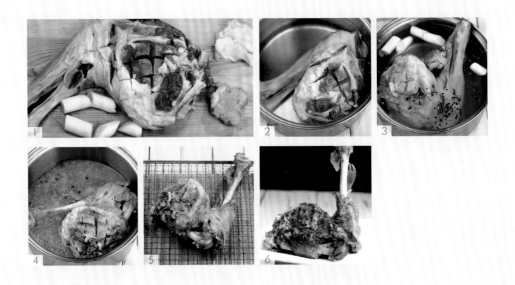

— 做法 —

1　羊腿洗净，剔出肥油，表面切花刀；葱切小段，姜切片。

2　放入凉水锅中，小火煮开。

3　捞出洗净羊腿，放入一大锅热水中，加入花椒、葱段、姜片煮开。

4　转小火，加入生抽、料酒炖 20 分钟，至羊腿肉八成熟。

5　捞出控干，放在烤架上，撒上孜然、盐。

6　烤箱提前 220℃上下火预热好，烤七八分钟，至羊腿表面带上焦色即可。

小·米
提示　购买新鲜的羊腿时，一定要挑选肉色明亮、红润，用手摸起来
　　　肉质紧密，表面微干或略显湿润且不黏手的，按一下后凹印可
　　　迅速恢复的肉。
　　　另外，新鲜的羊腿如果需要短期保存，可直接放入冰箱冷藏室
　　　保存。如果大人吃，还可以将剔下来的羊油放在羊腿上烤，这
　　　样烤出来的羊腿特别香，但小朋友吃就有点太油了。

烤羊腿 + 芝麻椒盐火烧 + 清拌菠菜

把羊腿上的肉剔下来，夹在芝麻椒盐火烧里吃，用我家宝贝的话说："香得没边，太好吃啦！"不过，这个最好中午吃，晚上吃容易吃多，不好消化。吃的时候再配个清拌菠菜，爽口又解腻。

11/ 略带甜味和淡淡酒香味的
台式三杯鸡

　　有次带宝贝去新东安的楼下吃三杯鸡，吃饱后她跟我说："爸爸，要是你做就不会放这么少肉吧？还是太好吃我没吃够？"于是，我决定回家给她做。其实，三杯鸡的做法很简单，小朋友们也都喜欢这种略带甜味和淡淡酒香味的口感，所以我觉得周末给孩子们做做还是很不错的。我在家给宝贝做这道菜的时候会炖得更烂、更入味。

— 原料 —

鸡翅、鸡腿 500 克	姜 1 块	白砂糖 3 克
台湾黑麻油 100 克	葱 1 段	新鲜九层塔适量
台湾米酒 200 克	蒜 3 瓣	
酱油 100 克	红椒丁 10 克	

— 做法 —

1 鸡翅、鸡腿洗净后切块。

2 姜切片，葱切小段。

3 鸡块凉水下锅。

4 煮开后捞出控干备用。

5 锅大火烧热，倒入油，油热后加入姜片、葱段、红椒丁、蒜瓣煸炒出香味。

6 然后加入鸡块翻炒，变色后倒入酱油，并加入白砂糖，翻炒至鸡块均匀上色，之后倒
   入台湾米酒、酱油，盖盖小火炖到收汁，加入台湾麻油。

7 加入新鲜九层塔，盖盖儿焖半分钟，这道菜就完成了。

小·米
提示 我没用整只鸡，比较喜欢用鸡腿、鸡翅部位，吃起来肉质比较嫩。
      这道菜的三杯调料很重要，做出来甜鲜适口，特别下饭。另外，
      还可以根据自己的喜好调节调料，我有时候也会将米酒换成啤
      酒，甜味少了些，也很香！

台式三杯鸡 + 南瓜栗子蒸 + 芝麻米饭

这里配的是南瓜栗子蒸，小朋友难免都爱吃肉，所以在平时的主食中加入一些粗粮很有必要。

12 /

肉味鲜美、不腻不膻的

手抓羊排

朋友来家里小院玩，带来上好的滩羊羊排，光看着生肉我就顿生馋意，当晚就收拾了做手抓羊排。别说，好肉就是提气，做的时候香鲜四邻，宝贝更是馋得一个劲儿问我什么时候能做好！

— 原料 —

滩羊羊排 500 克	盐 5 克	白糖 5 克
洋葱 10 克	油 2 克	花椒 3 克
大葱 10 克	老抽 5 克	孜然 3 克
生抽 10 克	料酒 5 克	

— 做法 —

1 羊排洗净，剁成小段；大葱洗净，斜切
  成长片；洋葱切小粒。

2 羊排段放入冷水锅中（水一定要浸过羊
  排段），加入花椒和洋葱粒，开大火。

3 煮开后撇去浮沫，改中小火炖 40 分钟
  捞出。

4 花椒、孜然用清水浸泡、清洗一下，控
  干水分待用。锅烧热放油，油热后加入
  葱片和洋葱粒，炒出香味。

5 加入羊排，中小火煎至两面焦香，加
  入孜然，倒入料酒，煸炒至闻到孜然
  的香味后再加入少许白糖、生抽和老
  抽，翻炒均匀后加入少许羊汤或清水，
  盖上锅盖炖煮至肉熟烂，出锅前加入
  少许盐即可。

小米
提示

1. 做手抓羊排必须选择肥瘦均匀、肉质新鲜的羊排，尤其不能
   选太瘦的，否则膻味太大，做出来也不好吃。以我用的这块
   滩羊羊排为例，从生肉上就看出色泽新鲜，脂肪乳白，分布
   均匀，尤其是在切的过程中，肉质湿润却不粘手。

2. 做手抓羊排时一定要最后放盐，这样才能把肉的鲜香味最大
   限度地烹制出来。

手抓羊排 + 石子馍 + 香菇黄瓜洋葱拌菜 + 香菇羊汤

在大快朵颐之前再拌个爽口凉菜，配上碗香菇羊汤，主食就配石子馍，绝对让你胃口大开！

13 /

红薯与牛肉的经典搭配

红薯炖牛腩

这道菜中加入了胡萝卜和红薯，与牛腩互为补充：牛腩吸足了两种蔬菜的香甜，两种蔬菜吸足了牛腩汤汁的香醇，十分适口，连平时不爱吃胡萝卜的宝贝也对这香甜入味的胡萝卜倍加喜爱。在炖牛腩的时候我用了压力锅，也可以用砂锅小火慢炖，香味会慢慢弥散在屋子的每个角落，勾起全家人的食欲！

— 原料 —

牛腩 500 克	蒜瓣 20 克
洋葱 100 克	香叶 3 片
胡萝卜 100 克	油 15 克
红薯 100 克	盐 3 克
番茄酱 20 克	白糖 3 克

— 做法 —

1　牛腩、洋葱、红薯、胡萝卜切相同大小的块。

2　锅内放少许油，煸香蒜瓣，中火放入牛腩块，煸炒出焦边，出香味。

3　将炒好的牛腩块放入压力锅内，再放入香叶。

4　另取一只炒锅，放入洋葱块、胡萝卜块炒软，加入番茄酱和水熬成汁。

5　将熬好的汤汁倒入盛有牛腩块的压力锅内，加入盐、白糖调味。

6　再加入红薯块、胡萝卜块、洋葱块，盖好盖小火炖熟。

小米
提示

炖牛腩块的时候要使用热水，热水可以使牛肉表面的蛋白质迅速凝固，防止肉中氨基酸流失，保持肉质鲜美；烧煮过程中，水要一次加足，如果发现水少，应加开水。

红薯炖牛腩 + 姜丝拌豇豆 + 橙汁冬瓜球

如此，一道浓香四溢的红薯炖牛腩就出锅了，牛腩软烂入味，红薯甜香，连汤汁都那么香浓，拌饭吃超级过瘾。

把豇豆切大段放开水中煮熟，控干水分，加上姜丝、盐、香油、醋拌着吃很清爽。把冬瓜洗净去皮，挖出冬瓜球，用鲜榨的橙汁泡至入味，很清火，还能补充维生素 C，小朋友们很喜欢。

14/ 开胃下饭的
酸菜羊肉

　　酸菜羊肉以前我都是用东北的酸菜炖，这次用的是一个老友从四川广元带回来的嫩酸菜。我用腌好的羊肉片配上这个嫩嫩的酸菜，酸味刚刚好。周末一家人围坐在一起，吃上一大锅热乎乎的羊肉酸菜，实在是过瘾！

— 原料 —

羊肉片 300 克

广元酸菜 60 克

粉丝 20 克

大葱 10 克

香油 5 克

盐 3 克

酱油 5 克

— 做法 —

1 粉丝放入清水里泡发，大葱切末，酸菜切段。

2 羊肉片中放入葱末、香油、盐腌渍入味。

3 锅烧热放油，放入酸菜段炒 2 分钟左右。

4 加入热水，倒入酱油搅匀。

5 煮开后倒入羊肉片，将羊肉片用筷子迅速滑散，下入粉丝，煮开 2 分钟关火即可。

小米
提示

做这个酸菜羊肉也可以用东北酸菜，做法是一样的。也可以把步骤 4 中的热水换成高汤，炖出来的酸菜会更入味，但是用水做出来的口感比较清爽，可以根据自己的喜好来调节。

酸菜羊肉 + 拌香芹 + 鸡汁焖香
干 + 玉米面馒头

主菜是热乎乎的酸菜羊肉，配菜是拌的小嫩
香芹和用鸡汁焖的香干，主食是暄软的玉米
面馒头，很舒服的一顿饭。

15 / 健脾开胃的
香菇卤蛋红烧鸭腿

赶上我家宝贝上火但是嘴又馋的时候，我就会给她做鸭肉吃。
鸭肉有清热健脾的作用，所以小朋友吃既能不上火，还能开胃解馋！

— 原料 —

干香菇 20 克	姜 10 克
鸭腿 1 只	油 3 克
蒜 4 瓣	料酒 3 克
鸡蛋 1 个	盐 3 克
葱 20 克	白糖 2 克

— 做法 —

1　干香菇洗净，用凉水提前 3 小时泡发。

2　鸭腿洗净，切大块；姜切大片；蒜剥皮；葱切段。

3　鸭块提前用盐、料酒、白糖腌渍入味。

4　锅烧热后放一点油，油热放入葱段、姜片、蒜瓣煸炒出香味，放入鸭块煸炒出香味。

5　将泡香菇的水倒入锅内，下入泡好的香菇，大火烧开后转小火炖 20 分钟。

6　将鸡蛋事先煮好，剥皮后放入锅中，继续炖 10 分钟左右即成。

小·米
提示

鸭腿要剔骨再切大块，由于鸭腿是鸭子活动较多的部位，所以做出来的肉质很鲜嫩。可以将鸡蛋换成鹌鹑蛋，也很好吃。

香菇卤蛋红烧鸭腿 + 拌香干 + 南瓜蒸米饭

平时把南瓜丁放在米饭里蒸，蒸出的米饭香甜软糯，将白豆干切丝，放上一点香芹拌着吃，配上这刚出锅的香菇卤蛋鸭腿，很是惬意啊。

16 / 地道北京味儿——炸酱面

　　我们一家子都爱吃炸酱面，也许是打小吃到大的缘故。吃炸酱面我从来不推荐到外面吃，就是自己现炸酱现煮面做出来的才香。饭馆的酱一炸炸一大锅，客人来了煮好面，把酱热一下就端上来，酱不是现炸的不香。还有，炸酱讲究用肥瘦相间的五花肉，不柴不腻，切成小丁，小火慢炸，炸得肉香酱香，面条出锅就拌上酱，香得小朋友眉开眼笑的！

— 原料 —

五花肉 500 克	大料 3 个	青蒜 1 根
豆瓣酱 500 克	黄瓜 1 根	蒜 3 瓣
大葱 20 克	小萝卜 3 个	油 3 克
姜 5 克	绿豆芽 50 克	
花椒 3 克	香芹 50 克	

— 做法 —

1　先准备吃面的面码，将黄瓜、小萝卜、香芹、绿豆芽、青蒜洗净备用。（本来还应该
　　有点香椿，但这会儿过季了，讲究的还可以来点黄豆、青豆之类的，这个面码完全可
　　以根据自己的喜好和应季的蔬菜来定。）

2　去皮五花肉切丁。

3　大葱、姜切末（不爱吃葱姜的可以做一小碗葱姜水用）。

4　菜码切丝，豆芽略焯（要是讲究就把豆芽尖掐了），大蒜剥皮。

5　锅内放油煸香花椒。

6　将煸出香味的花椒捞出。

7　锅中放入切好的肉丁。

8　中火煸炒放入 1 个大料。

9　肉煸炒出香味，至变色。

10　放入豆瓣酱。

11　加入少许开水，改小火慢慢煸炒。

12 至酱被煸炒出豆酱的香味，放入葱末、姜末出锅即可（准备葱姜水的也是此时放入）。

13 炸酱的时候可以做锅煮面，面熟直接捞出，盛入碗中，摆上面码，放上炸好的酱，您就吃吧！香啊！

小·米
提示

炸一碗好酱有几个关键点：

1. 肉要用新鲜的五花肉，这样炸好的酱里肉丁肥瘦适中，吃着极香。

2. 五花肉一定要煸到位，就是到最后吃的时候能崩出油来的感觉。

3. 炸酱一定要有葱花，这是点睛之笔，千万可别忘了，而且要在最后放，放早了容易出臭味。

6

甜品

相信每个小朋友都喜欢甜品，
即使我们苦口婆心给他们讲很多吃甜品的坏处，
他们也会嘟着小嘴不高兴。
与其如此，
倒不如圆他们个甜蜜的梦，
让他们吃得更健康。
带上他们一起做，
边做边聊边吃，
相信这段温馨甜蜜的亲子时光，
在他们长大后会变为记忆中抹不去的美好回忆！

01 / 清香柚子茶

营养与美味的完美融合

　　每当柚子汁水丰沛的时候，我总会做一些柚子茶，放在冰箱保存，宝贝放学回来用热热的水沏上一杯，那满屋子的香甜胜过无数饮料。而柚子本身也含有非常丰富的蛋白质、有机酸、维生素以及钙、磷、镁、钠等人体必需的营养元素；柚子皮也含丰富的维生素、矿物质以及纤维素，其含有的黄酮类物质有抗炎作用，常喝柚子茶能调理胀气、帮助消化、预防感冒！

— 原料 —

新鲜的柚子 1 个
蜂蜜 50 克

— 做法 —

1 将柚子表皮洗净，用刀轻轻划几刀，剥开。

2 把柚子皮上的白色絮状物撕掉，切成细细的丝，用盐水浸泡一下，控干水分。

3 柚子果肉掰成小块。

4 一个柚子大概放 4 碗水，水开后放入柚子皮丝煮约 10 分钟。放入柚子块，改小火熬，熬至黏稠、变黄关火。

5 晾凉后放入 2 大勺蜂蜜（约 50 克）搅拌均匀。

6 装入密封罐内，放冰箱保存，喝的时候放 3~4 倍水冲泡就可以。

小·米
提示

如何选一个完美的柚子？

1. 柚子蒂部越尖越新鲜。

2. 尽量选个头大的，个头大的一般成熟度较好。

3. 黄色的往往比青色的成熟度要好，甜度更高，香味也更浓。

4. 相同体积下，越重的柚子水分越足。

5. 用手指按住底端，按不动的水分足。

做柚子茶的时候，一定要将柚子皮里面的白色絮状物刮干净，否则柚子茶会很苦。如果不放蜂蜜，可以提前放些冰糖，冰糖熬化后再放入柚子皮丝和果肉煮，也很好喝。

02/ 聚会上令人惊艳的
草莓巧克力

　　草莓巧克力绝对是一款相当能取悦人心的可爱小甜品，醇厚的巧克力脆皮外壳包裹着娇嫩多汁的鲜草莓，微微反差的味道，让人胃口大开，完全是一道大人小孩都超级喜欢的甜品。再加上外形美丽，做法简单有趣，实在是很难不让人爱上它。当然，将它作为小小聚会上的甜品，也是很有感觉的！

— 原料 —

草莓 8 颗　　　　　　彩色巧克力针 20 克
高纯度硬黑巧克力
1 块

— 做法 —

1　将黑巧克力切碎。

2　取一只大一点的锅，加入 1 碗水，然后把装有巧克力的容器放入锅中隔水加热。

3　加热的过程中轻轻地搅拌，直到巧克力完全融化成巧克力酱。

4　草莓冲洗干净，用盐水稍微泡一下，再用软毛牙刷轻轻刷一下表面，控干水分，用竹签或者牙签串好。

5　把盛着巧克力酱的容器从锅中取出来，待巧克酱稍稍变温后，用草莓在巧克力酱中蘸一下，让巧克力酱均匀地包裹住草莓。

6　将包裹好巧克力的草莓再放入盛有彩色巧克力针的盘中蘸一下。

7　把蘸好巧克力针的草莓放在盘中或冰箱冷藏室，待巧克力酱完全凝固就可以了。

小米
提示

1．在融化巧克力的时候也可以根据个人喜好加入适量的牛奶或者君度甜酒，这样味道会不同。

2．草莓尽量挑选外形比较像心形的，这样做出来的草莓巧克力比较漂亮。

3．彩色巧克力针，也可以换成 MM 豆或者巧克力银珠。

4．草莓也可以换成其他的水果，比如香蕉，但不适宜换成口感硬的苹果之类。

5．往做完巧克力草莓的巧克力酱里加一袋牛奶，就可以做成一杯香浓的巧克力奶，一点儿也不会浪费！

03/ 好吃停不下口的
快手奶香蛋挞

　　相信没有几个小朋友不爱吃蛋挞，香酥的蛋挞皮，香滑细腻的挞心，奶香十足。多重的口感实在是让人欲罢不能。我买的现成的蛋挞皮，就是调了一个嫩嫩的蛋挞心，总共花了不到 40 分钟就做好了，简单好吃。想着即使是甜品，小朋友还是要少吃点糖，所以在糖量上略减了一些。如果喜欢甜味重些，可以把白糖量调整到25 克。

— 原料 —

蛋挞皮 9 个
牛奶 70 克
蛋黄 2 个
炼乳 85 克
低筋面粉 6 克
白糖 20 克

— 做法 —

1　将炼乳、牛奶、白糖搅拌均匀，加热至白糖完全溶化。

2　倒入蛋黄，搅拌均匀。

3　筛入低筋面粉。

4　搅拌均匀。

5　过筛后就是蛋挞水。

6　将挞皮摆在烤网上。

7　依次倒入蛋挞水，八分满即可。

8　装入烤盘，放入预热好的烤箱中层，210℃烤 25 分钟左右，至
　　蛋挞表面出现焦点即可。

小·米
提示　蛋挞皮可以在网上购买，很多烘焙小店也都会有售，现买现做，方便新鲜。蛋挞不适宜留时
　　　间过长，最好现烤现吃。

04/ 陪孩子做一款零失败的
草莓蛋糕

　　几乎每个小朋友都会迷恋蛋糕的香气和美味，陪他动手做一款简单的小蛋糕，做法简单，成功率极高，这样小朋友的兴趣也高。水果可以根据小朋友的喜好用应季水果，这款添加了草莓的蛋糕松软清香，味道超好！

— 原料 —

草莓 9 颗
鸡蛋 1 个
色拉油 20 克
微波蛋糕粉 50 克

— 做法 —

1　鸡蛋、15克色拉油倒入大碗，搅拌均匀。

2　蛋糕粉过筛，倒入搅拌好的鸡蛋液里。

3　倒入5克色拉油。（这个蛋糕粉后面的使用提示里会有说明，
　　因每款蛋糕粉不一样，所以不具体说明用量了。）

4　用橡皮刮刀翻拌均匀。（不要画圈搅拌，拌到面粉全部湿润即可。）

5　新鲜草莓洗净，切成小丁。

6　放入面糊中，搅拌均匀。

7　将拌好的面糊倒入模具，2/3满。然后放入180℃预热好的烤箱中，
　　烤8~10分钟，至蛋糕表面完全膨胀，并呈现棕红色即可出炉。

小米
提示

1. 我用的这款蛋糕粉，用微波炉1分多钟就可以成型，之所以用烤箱是因为微波炉不像烤箱
　 能烤出表面的那种焦香。

2. 因这款蛋糕粉里的配料中已经包含奶粉及泡打粉等，所以不用再放了。做法相对于用低筋粉
　 更为简便，但味道却不打折扣，外面焦香，内里软甜。

05/

亲子 DIY 甜品优选
鲜果粒果冻

　　这是一款非常不错的亲子 DIY 甜品，成品漂亮，小朋友的成就感会很强。大家可以选择自己喜欢的应季水果，冷藏过后味道更好。除了樱桃和杏之外，向大家特别推荐黄桃，黄桃粒放在果冻里也十分好吃！做这款果冻可以多准备几款漂亮的模具。

— 原料 —

樱桃 11 颗
杏 1 个
果冻粉 85 克
热水 100 克
冷水 300 克

— 做法 —

1　先把果冻粉用 100 克热水冲开。
2　搅拌均匀后，继续加入 300 克冷水。

3 樱桃、杏等水果切成相仿大小的果粒。

4 将其倒入调好的果冻汁中。

5 混合后依次倒入自己喜欢的模具。

6 放冰箱冷藏室冷藏 4 小时左右，取出脱模即成。

小·米
提示
脱模过程很关键，我是用牙签沿着边稍微划一下，然后吹口气倒扣，最后轻轻磕下来。在把果冻汁倒入模具之前，可在模具上刷一点油，这样脱模的时候比较容易。

06／红酒雪梨

润肺消痰的

　　红酒雪梨最好冷藏后再吃，煮过的雪梨绵软清甜，吸足了红酒的香气，口感极佳。这道甜品还有润肺、消痰、降火、解毒的作用，尤其适合雾霾天气或嗓子不舒服的日子食用。做这个红酒雪梨的时候我减了冰糖的用量，等放凉吃的时候加一点蜂蜜，不仅口感好，而且营养更丰富！

－ 原料 －

雪梨 1 个　　　　　冰糖 50 克
红酒 400 克　　　　蜂蜜 10 克
水 300 克

— 做法 —

1　雪梨洗净去皮。

2　锅内加入红酒、水、冰糖，放入梨，大火煮开后转中小火煮 1
　　小时左右。

3　煮好后浸泡 12 小时以上再食用。

4　也可以放冰箱冷藏，食用前放一点蜂蜜。

小·米　雪梨容易氧化，去皮的雪梨应尽快加入红酒中煮，否则很容易变黑。在煮的过程中红酒中的酒
提示　精已经挥发，所以可以放心给小朋友吃。

07/

软糯焦香的
奶香烤玉米

玉米属于粗纤维食品，且含有大量镁元素，可促进肠道蠕动，加速机体废物的代谢，有排毒的功效，十分有益健康。用先煮后烤的方式避免了玉米水分的过度流失，吃起来会更软糯，又有焦香的感觉，非常适合小朋友吃！

— 原料 —

玉米 2 根
黄油 20 克
牛奶 100 克
白糖 10 克

— 做法 —

1 玉米洗净放入锅中，加清水烧开，开锅后续煮 5 分钟，捞出控干水分。
2 将白糖放入牛奶中，搅拌溶化，用刷子将其涂抹在玉米表面。

3　将黄油融化后刷在玉米表面。

4　烤箱上下火 180℃预热好。

5　烤 8 分钟左右就可以了。

小·米　如果不用烤箱，也可以直接在煮玉米的时候加入牛奶、黄油，这样
提示　煮出来的玉米也奶香味十足。

08/ 提高免疫力的
清爽金橘茶

　　每次路过水果店看见金灿灿的金橘，我都会忍不住停下来买2斤，腌渍起来，做金橘酱或者金橘茶，抹面包吃或者泡茶喝都很好。尤其是金橘中含有大量的维生素C，可以增强免疫力，赶上孩子嗓子不舒服的时候先别吃药，来上一杯金橘茶，不适感可能很快就消失了。

— 原料 —

小金橘 300 克
黄冰糖 50 克

— 做法 —

1 将金橘洗净后控干水分，用小刀在金橘表面划上花刀。

2 再用手略使劲挤一下，金橘就开了，一会儿煮容易入味。

3 将锅内坐水，水量是金橘的 3~5 倍，加入 50 克黄冰糖煮开，加
   入金橘，转小火慢慢炖煮，直至金橘变软。如果想吃金橘酱，
   可以多煮会儿；如果想泡茶或者直接吃，煮至变软就可以了。

4 晾凉后倒入密封罐里，放冰箱冷藏即可。

小米
提示   做金橘茶前，最好将洗净的金橘在盐水里
       浸泡 10 分钟左右。
       金橘茶也可以配绿茶喝，味道很清香。

09/
自制纯天然的
芒果冰淇淋

　　这是一款可以在家带着小朋友一起做的冰淇淋，原料就四种：芒果（或其他水果）、奶油、牛奶、白糖，绝对无添加，但是做出来的口味却一点不比外面的大牌差。夏天和小朋友一起做冰淇淋是一件特别有成就感的事。

— 原料 —　　　　— 工具 —

芒果 1 个　　　　手动切剁器

鲜奶油 100 克

牛奶 150 克

白砂糖 50 克

— 做法 —

1　将鲜奶油倒入容器中打发。

2　倒入牛奶、白砂糖，继续打发。（也可以适当调整牛奶量，比如，少放点牛奶会使冰淇淋更绵软。）

3　芒果切成小粒，放入手动切剁器中搅打成泥。

4　将打好的芒果泥倒入打发好的奶油里，继续搅打。

5　将打发好的奶油芒果糊倒入保鲜盒里，盖好盖，放冰箱冷冻 4~6 小时。

6　做好的冰淇淋上可以再加点水果，口感更丰富。

小·米
提示

自己做冰淇淋最关键的就是打发，一定要用电动打蛋器，打发充分，做出来的冰淇淋会更轻柔。奶味十足的口感配上水果更是吃着过瘾。

10 / 好吃又补钙的 老北京鲜奶酪

　　宝贝小的时候我总带着她去吃三元梅园的奶酪，奶香嫩滑，口味极佳，于是决定把这个老北京小吃的做法学会了，自己在家做给宝贝吃。奶酪好吃还能补钙，宝贝放学回家给她从冰箱端出来一碗奶香浓郁、口感丝滑的奶酪，谁能不爱呢？教会小朋友热爱生活大概从吃开始是件比较容易的事吧！

— 原料 —

全脂牛奶 250 毫升　　白糖 10 克
醪糟汁 150 毫升　　松仁适量

— 做法 —

1 将醪糟汁过滤，只取汁。

2 用量杯量出 150 毫升即可。

3 牛奶放入锅中加热，加入白糖搅匀，将其煮开。

4 因为做的不是双皮奶，为保证奶酪口感更为细滑可以将上面的奶皮挑出（也可以不挑）。

5 将过滤好的醪糟汁倒入晾凉的牛奶里，徐徐搅拌均匀。

6 把牛奶醪糟汁倒入碗中，用保鲜膜将碗盖上，上面扎些小孔，放入上气的蒸锅中，用小火蒸（火太大奶酪会出现小洞）20 分钟左右，关火，不开盖直到自然冷却。

7 冷却后将其取出，密封放入冰箱内冷藏，吃的时候可以撒上松仁，口感更佳。

小·米
提示:
这款奶酪成功率很高，但市面上卖的醪糟汁有些兑水太多，如果没有好醪糟，也可以在第 5 步搅拌的时候加入 10 克白醋，这样成功率会提高。另外，注意做奶酪要用全脂牛奶。

11 / 华夫饼

一种美食多种搭配的

我特别喜欢给小朋友做华夫饼，把调好的面糊倒入华夫饼机，几分钟就做出一个好看又好吃的华夫饼，像变魔术一样。刚出炉的华夫饼可以搭配很多酱料吃，还可以做成华夫饼三明治，将各种新鲜蔬果和沙拉酱或奶油一起，夹在两片华夫饼中间吃，味道极好！

— 原料 —

鸡蛋 2 个	玉米淀粉 20 克
白糖 50 克	鲜橙汁 10 克
牛奶 70 克	泡打粉 5 克
低筋面粉 140 克	色拉油 50 克

— 做法 —

1　鸡蛋磕入盆中，加入白糖。
2　用电动打蛋器将其搅打均匀。
3　用橙子挤入 10 克鲜橙汁（可以用简易手动榨汁机来操作）。

4　加入牛奶。

5　将牛奶和蛋液搅拌均匀。

6　将低筋面粉、玉米淀粉和泡打粉混合，筛入混合蛋液中。

7　用刮刀慢慢混合均匀。

8　倒入色拉油。

9　将面糊搅拌至顺滑。

10　将华夫饼机涂油，提前插电预热。（如果用的不是插电的，需要先将其在火上烤热。）

11　预热好后倒入面糊。

12　盖盖，直至灯灭即可。（如果想吃比较酥脆口感的，可以将加热时间延长些。）

13　在烤好的华夫饼上挤巧克力酱或鲜奶油，也可以抹上冰激凌或蜂蜜等其他你喜欢的食材。

做这款华夫饼时我加了一点新鲜的橙汁，这个可以根据小朋友喜欢的水果来添加。如果想奶香味儿重一些，也可以将橙汁换成牛奶，这样就是奶香味儿十足的华夫饼了！

12 /
奶香浓郁、香甜美味的
奶酪黄油焗红薯

冬天，街上时常会有烤得香甜的红薯味道，那香气中带着暖暖的味道，是小时候熟悉的味道。我小时候零食少，一到冬天最爱三样：关东糖、烤红薯和糖炒栗子。最喜欢掰开红薯松软的黄瓤，对于没有蛋挞，没有奶油蛋糕的我来说，香甜的烤红薯让童年一样甜蜜。

— 原料 —

红薯 3 只　　　　白糖 10 克

黄油 20 克　　　枫糖适量

切达奶酪 2 片

— 做法 —

1 红薯 1/3 处横向切开。

2 用锡纸包好。

3 放入 200℃预热好的烤箱中，上下火烤 10 分钟。

4 将烤好的红薯取出，挖出瓤。

5 挖出的红薯瓤加入黄油、白糖，碾碎和匀。

6 将其填回红薯壳内，放上切成细条的奶酪。

7 放入烤箱烤 3 分钟。

8 取出来撒上枫糖吃即可。

小米提示

在做奶酪黄油焗红薯时，第 3 步的烤箱烤红薯也可以换成用微波炉将红薯打熟，锡纸不能进微波炉，要用保鲜膜将红薯包好。另外，还可以将切达奶酪换成马苏里拉奶酪，会出现拉丝的效果。

13 / 口感绵软还能拉丝的
奶酪焗芋头

很喜欢芋头，芋头本身散发着一股质朴的香味，加上口感绵软，用来做奶酪焗芋头特别合适。芋头吸足了黄油奶酪的香气，被烤得绵软喷香，很适合热着吃！凉了的话稍微放在烤箱里加热一下就又恢复了美味！

— 原料 —

大芋头 1 个
黄油 10 克
马苏里拉奶酪 20 克
牛奶 20 克
芝士粉 3 克

— 做法 —

1　大芋头洗净削皮，切大薄片放入锡纸内包裹好。
2　放入上下火 180℃ 预热好的烤箱内烤5 分钟。

3　打开锡纸，芋头片已经变软。

4　将芋头片切成丁，加入黄油、牛奶调匀。

5　将调好的香芋丁放入焗烤的小碗内。

6　撒上马苏里拉奶酪。

7　烤箱 200℃ 预热好，烤 6~8 分钟至表面变焦黄取出，撒芝士粉
　　食用即可。

小米
提示　吃的时候撒上芝士粉，可以使味道更浓
　　郁。芋头经过烤制味道软糯，加上黄油
　　和奶酪味道更为香浓。同样做法还可以
　　烤土豆或者红薯，味道也很好。

14/
Q弹可口的

糯米糍

做这款糯米糍的时候，小朋友最爱干两件事：一是揉糯米糍，二是蘸椰蓉。糯米糍不一定非得揉成球状的，可以根据小朋友的喜好做出他们喜欢的形状。另外，将糯米球放入椰蓉里打滚对小朋友来说也是件有趣的事。参与了做糯米糍的过程，会让小朋友觉得做饭不仅是件好玩的事，还能做出美味，一举两得！

— 原料 —

糯米粉 100 克	椰子粉 50 克
椰蓉 30 克	豆沙馅 100 克
澄粉 15 克	牛奶 15 克
糖粉 30 克	橄榄油 10 克

— 做法 —

1　把糯米粉、澄粉、椰子粉、糖粉混合。

2　加入牛奶搅拌均匀，至没有一点儿小疙瘩为止。

3　将搅拌好的液体中倒入 10 克橄榄油。

4　放入蒸锅大火蒸 10~15 分钟，开盖稍微晾凉。

5　蒸好的面取出，将豆沙馅揉成大小均匀的小球。

6　将面团揪成大小均匀的小剂子，用手按成面皮，把豆沙馅儿放
　　入面皮中。

7　将面皮裹住豆沙馅，揉成小球。

8　放入椰蓉碗里滚一下。

9　蘸满椰蓉粉即成。

小米
提示

把豆沙馅换成巧克力或厚厚的椰蓉，效
果也不错。如果换成巧克力馅儿，可以
包好后略蒸一下，让巧克力融化，效果
会更好，热吃会有流沙的感觉。做好放
在保鲜盒里，带到单位当下午茶，绝对
是赢得好人缘的一款甜品。

15 / 清甜去火的 水果粥

　　春天风大，雨水还少，这一干人就容易上火，一上火就容易流鼻血。比如我家宝贝，一到春天，隔三差五的就爱流鼻血。这时候建议您给小朋友熬点水果粥，清甜润肺，味道还好，小朋友很喜欢。

— 原料 —

紫米 50 克
大米 50 克
清水 500 克
椰浆 25 克
草莓 5 颗
芒果 3 个

— 做法 —

1　大米洗净泡水（熬粥用的大米最好是新米，弹性好，味道香），紫米也洗净泡好（紫米最好提前 1 小时就泡上，紫米较大米硬）。

2　如果用压力锅，可以先用清水将紫米煮开，再放入大米熬，这样紫米烂了，大米也熟了。如果像我这样用小锅熬的话，先煮紫米，煮到紫米变大，吸足水分后，加入泡好的大米继续熬。

3　这时，我们可以加工芒果。按住芒果，先离核。

4　上面片一片，中间一片是芒果的核，下面再沿核片一片。

5 将芒果肉切花刀。

6 用双手将果粒翻出。

7 用小刀将果粒片下。

8 草莓洗净去蒂，对切开。（除草莓外，水果粥中还可以选择自己喜欢的其他应季水果。）

9 粥熬黏稠。

10 盛入小碗中。

11 晾凉后倒入椰浆。（没有椰浆也可以用椰汁。）

12 放上切好的水果粒即成。

16 / 熬一碗美味又排毒的
桃胶雪耳羹

在周末，我经常给小朋友炖这个桃胶雪耳羹。银耳是好东西，营养价值高，还很便宜。教大家一个挑选银耳的好方法——闻，如果银耳有清香的气味就证明不是熏制的，熏过的银耳会有刺鼻气味，给小朋友吃不仅不能起到保健作用，还会对身体有害。小朋友定期吃银耳能帮助排出身体里的有害物质，常常吃这个羹也起到定期排毒的作用！

— 原料 —

银耳 1 个
蔓越莓干 10 克
桃胶 10 克
冰糖 20 克

— 做法 —

1　将银耳用清水泡发。

2　桃胶需提前一天泡至软胀，体积大概能胀至原来的 10 倍大。再仔细将桃胶表面的黑色杂质去除，用清水反复清洗后，掰成均匀的小块。

3　将桃胶、银耳和水放入锅中，大火煮开后改小火继续炖 30 分钟，此时汤汁开始变得有些黏稠。

4　此时放入冰糖和蔓越梅干，边搅拌边煮 3 分钟，至冰糖彻底融化，汤汁浓稠即可。

小米
提示

可热饮也可放凉了再喝，桃胶本身没有什么味道，吃起来有点像果冻。

这款汤随熬随喝，千万不要隔夜，银耳隔夜吃不好，有毒性。

炖好的桃胶雪耳羹吃的时候也可以浇上牛奶，味道也超级好。

17 / 小·桃酥

香甜酥脆、满室飘香的

我家宝贝特别爱吃桃酥，香甜酥脆的，口感特别好。但老实说，桃酥油大、糖多，热量极高，于是我决定带着宝贝一起做。做的时候我把油、糖减量，争取不减口感。在做的过程中尽量让小朋友一起参与，做好的桃酥会让他们特别有成就感！

— 原料 —

中筋面粉 100 克
白糖 50 克
玉米油 50 克（植物油均可）
蛋清 10 克（其余蛋黄备用）
熟核桃碎 55 克
泡打粉 1.25 克
小苏打 0.625 克

— 做法 —

1 将玉米油中加入打散的蛋清、白糖，混合均匀。

2 中筋面粉和泡打粉、小苏打混合均匀，过筛后直接放入搅拌好的蛋液中，混合成面糊。

3 将熟核桃碎倒入面粉糊中，混合均匀。

4 然后将其揉成一个大面团。

5 将其分成相等大小的6块小面团，分别搓成小圆球并压扁。锅底垫上隔热板，上面铺上锡纸，再放上压扁的小圆饼，用小火烘烤5分钟。

6 取出，在表面刷一层蛋黄液。

7 然后放入预热好的烤箱中层，180℃烤制12分钟左右。

8 烤至表面呈金黄色即可。

小·米提示 做这款桃酥，在揉面团的时候务必观察面团是否湿润，面团越湿润，烤出的桃酥越酥脆。如果不够湿润，可以加适量植物油调整。如果给孩子吃，可以将桃酥做得块小点儿，这样方便孩子拿着吃。

18 / 配方简单、亲子共做的
健康小·饼干

　　和小朋友一起做甜品真心寓教于乐，你可以把筛面粉、搅拌的活都交给他们，他们不仅欣然接受，还会完成得特别好。一旦饼干进了烤箱，就可以闻着屋子里弥漫着的黄油香气和他们聊聊天，那是最融洽的亲子时光了。

　　小饼干做法简单，做几次后你就可以完全交给宝贝自己来完成了。他们还会有很多小创意，比如，在饼干上挤上好吃的巧克力酱。你可以惬意地听着音乐，等着宝贝给你端来香甜的下午茶！

— 原料 —

低筋面粉 50 克　　　　蛋黄 2 个

玉米淀粉 20 克　　　　动物黄油 50 克

奶粉 20 克　　　　　　白糖 20 克

泡打粉 5 克

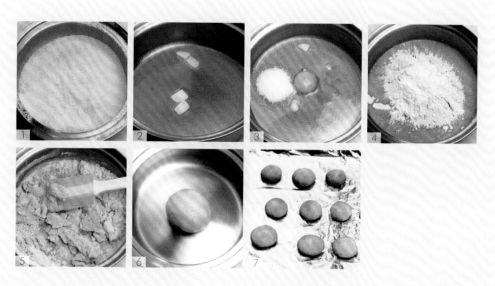

— 做法 —

1 将玉米淀粉、奶粉、泡打粉混合均匀后过筛。

2 动物黄油隔水加热至融化。

3 融化后的黄油中加入蛋黄和白糖，搅打均匀。

4 把混合过筛后的面粉倒入黄油蛋黄液中。

5 用刮刀搅拌均匀。

6 再和成面团，揉成大小均匀的小球，轻轻按成小饼，放入铺上锡纸的烤盘上。

7 放入预热好的烤箱中，中层，上下火，200℃烤约4分钟，酥脆的小饼干就出炉了！

小·米
提示

小饼干个头小，所以很容易就烤酥脆了，各家烤箱不一样，一定要观察一下。关于配方里的黄油和白糖，如果怕胖可以减半，但是酥香效果就会略差。和小朋友们一起做的时候可以选择一些好玩的饼干模具，做出来会很有成就感。

19 / 嫩滑无敌的
杏仁豆腐

　　这里用到的杏仁豆腐粉是我在日本吃甜品的时候，一个孩子的妈妈推荐的。很多日本家庭用这款杏仁豆腐粉给孩子做小甜品，无添加，味道也很柔和，杏仁的口感也很好，而且做法也超级简单。

— 原料 —

日本杏仁豆腐粉 60 克　　清水 100 毫升
牛奶 250 毫升　　　　　蓝莓 1 颗

— 做法 —

1　将杏仁豆腐粉倒入小奶锅。

2　加入 150 毫升牛奶。

3　再倒入 100 毫升的清水。

4　用打蛋器搅拌均匀，中火加热，边加热边搅拌，沸腾后立即关火。

5　再加入 100 毫升的纯牛奶，搅拌均匀。

6　倒入容器中，晾凉后盖上保鲜膜，放入冰箱冷藏。

7　吃的时候放一颗新鲜的蓝莓，味道更好。

小·米
提示　杏仁豆腐现吃现做，最好不要隔夜，否则很容易引起腹泻。

20/

嗓子不舒服，试试

盐蒸橙子

　　在季节交替或天气干燥的时候，孩子们的呼吸道很脆弱，这时是感冒发烧、咳嗽的高发期。深夜去医院排大长队的经历每个家长都曾有过吧，孩子出现嗓子不舒服时，不妨试试这款盐蒸橙子，说不定会有意想不到的效果哦！

— 原料 —

橙子 1 个
盐 10 克

— 做法 —

1　把橙子洗干净，放在盐水中浸泡 20 分钟，去除橙子表面的果蜡。

2　橙子不剥皮，在顶部平切开一片。

3　再用筷子在果肉上戳几个洞，以便于盐渗进果肉。

4　往露出的果肉上撒少许盐。

5　把切下的那片橙子重新盖好。

6　将橙子放进碗里，碗里不加水，直接放进蒸锅，蒸至水沸后再蒸
　　15 分钟即可。蒸好的橙子，皮有一定程度的收缩，碗底还会有汁
　　水流出。

小·米
提示　　具体吃法：去橙皮吃果肉，将碗底的汁水
一起喝掉。橙皮里有两种成分具有止咳化
痰的功效，一个是那可汀，一个是橙皮油。
这两种成分只有在蒸煮之后才会从橙皮
中渗出，尤其适合久咳不愈的小孩子吃，
完全没有副作用。

21 / 椰蓉小·球

改良版的香酥下午茶

有次带宝贝去蛋糕店，给她买了椰蓉小球，从此她就喜欢上了这款甜点。但说实话，我尝了下觉得过甜过油，决定还是自己在家做给她吃。油和糖的比例都降低了，酥脆感还好。爱吃甜品是孩子的天性，我们不能把他们对这甜蜜的感受扼杀在摇篮里，但是我们可以让他们吃得更健康。

— 原料 —

黄油 80 克	蛋黄 4 个
糖粉 80 克	奶粉 30 克
鲜牛奶 1 小勺	椰蓉 260 克

— 做法 —

1　提前将黄油放在室温软化，放在盆中切小块后，用打蛋器打发。

2　加入糖粉继续打发，直到将黄油打至颜色发白呈蓬松状。

3　分次加入蛋黄，继续搅打均匀。

4　每加一次搅打均匀后再加入下一次。

5 加入鲜牛奶，继续搅打均匀。

6 加入奶粉、椰蓉，用刮刀切拌均匀（此时可以预热烤箱）。

7 将面团揉成大小均匀的小球，放入垫了油纸的烤盘中，烤箱150℃预热好，将烤盘放入烤箱上层烤30分钟左右，注意观察，至椰蓉小球表面着色即可。

**小·米
提示**　这款椰蓉小球的烤制时间和温度很关键，一定要用稍低的温度、较长的时间来烤制，才能烤透，让内部口感香酥。另外，做得不要太大，直径不要超过 2.5 厘米。这样比较容易烤透、烤酥，要凉透再吃口感才会好。

图书在版编目（CIP）数据

爱心厨房：Hey，爸爸味儿家常菜 / 食尚小米著. — 北京：
中国轻工业出版社，2017.1

ISBN 978-7-5184-1189-4

Ⅰ．①爱… Ⅱ．①食… Ⅲ．①儿童 – 食谱 Ⅳ．①TS972.162

中国版本图书馆CIP数据核字（2016）第283220号

责任编辑：王巧丽　朱启铭　　　责任终审：劳国强　　版式设计：锋尚设计
封面设计：奇文云海·设计顾问　　责任校对：燕　杰　　责任监印：张京华

出版发行：中国轻工业出版社（北京东长安街6号，邮编：100740）

印　　刷：北京博海升彩色印刷有限公司

经　　销：各地新华书店

版　　次：2017年1月第1版第1次印刷

开　　本：720×1000　1/16　印张：16.5

字　　数：200千字

书　　号：ISBN 978-7-5184-1189-4　定价：39.80元

邮购电话：010-65241695　　　传真：65128352

发行电话：010-85119835　85119793　传真：85113293

网　　址：http://www.chlip.com.cn

Email：club@chlip.com.cn

如发现图书残缺请直接与我社邮购联系调换

140486S1X101ZBW